微積分基礎
― 理工系学生に向けて ―

寺本 惠昭 著

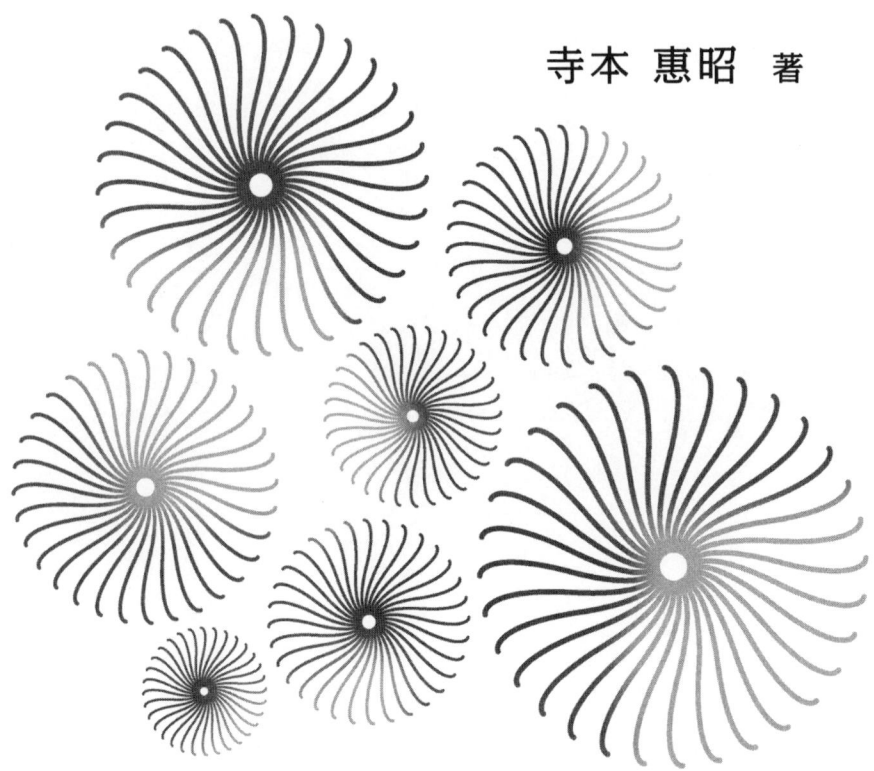

共立出版

まえがき

　本書は，理工系学部学生が初年次に学ぶ微分積分の授業の教科書として執筆された．高校カリキュラムの多様化や大学入学セレクションの方法も多岐にわたるため，数学の知識・技量については様々なレベルの学生を想定しなければならない．そのため，まず平易な印象を受けるような紙面と読みやすい文章を心掛け，高校数学から円滑に大学初年時の微分積分に移行できるように内容を配置している．理論的厳密さに深入りすることを避け，本質を直観で会得できるように説明をつけている．授業履修の後でも理工学系学科専門科目で必要とされる微積分の参考書としても役立つようにとの意図も込めた．実用技術の発展をめざす理工学専門分野は，物理学をはじめとする自然科学に基礎を負っている．その基礎科学の法則の多くが微分積分の言葉で述べられていることでわかるように，微分積分の知識・計算技術の習得がいかに重要であるかがわかる．

　微積分を大きく要約すれば，

微分は量の瞬間変化を記述する方法
積分は変化する量の総和を記述する方法

といえる．どちらも変化する量の極限操作であって，微積分学習の第一の目標はこれらの極限操作の意味を理解することである．しかしこの目標を達成することは容易ではなく多大の努力が要求され，努力することのひとつとして演習問題をできるだけ数多く解いてほしい．微積分の概念を理解することは難しいことかもしれないが，極限操作でえられる公式自体は機械的に計算できるものばかりである．

　とりあえずは

九九を覚えるように公式を覚えて適用してみる

これを何度も繰り返すうちに計算の内容が理解できるようになる．

　なお，本文中の問および各章末の問題はほとんどが基礎的なものであるが，なかに理解をためす高度なものが含まれておりそのような問題には(*)を付けている．

執筆にあたっては，島田伸一，東武大両氏を始めとする摂南大学理工学部基礎理工学機構の同僚の方々の多くのご教示があった．また共立出版の清水隆氏，吉村修司氏には様々な助言をいただき終始お世話になり感謝申し上げます．

2012年9月 　　　　　　　　　　　　　　　　　　　　　　　　　　　　　　　　　　筆者

目　次

第 1 章　関数とグラフ　　　　　　　　　　　　　　　　　　　　　　1
   1.1　座標 ………………………………………………………… 1
   1.2　関数のグラフ ……………………………………………… 2
   1.3　関数の極限 ………………………………………………… 4
   1.4　関数の連続性 ……………………………………………… 8
   1.5　数直線と実数 ……………………………………………… 9
   1.6　連続関数の性質 …………………………………………… 12

第 2 章　微分と導関数　　　　　　　　　　　　　　　　　　　　　　16
   2.1　微分係数 …………………………………………………… 16
   2.2　導関数 ……………………………………………………… 18
   2.3　合成関数の微分 …………………………………………… 22
   2.4　逆関数の微分 ……………………………………………… 24

第 3 章　指数関数・対数関数　　　　　　　　　　　　　　　　　　　32
   3.1　指数法則 …………………………………………………… 32
   3.2　指数関数 …………………………………………………… 34
   3.3　対数関数 …………………………………………………… 36
   3.4　指数関数の微分 …………………………………………… 38
   3.5　対数関数の微分 …………………………………………… 40

第 4 章　三角関数・逆三角関数　　　　　　　　　　　　　　　　　　44
   4.1　弧度法と一般角 …………………………………………… 44
   4.2　三角関数 …………………………………………………… 45
   4.3　基本性質とグラフ ………………………………………… 46

4.4	合成と加法定理	49
4.5	三角関数の微分	51
4.6	逆三角関数の微分	54

第5章 高次導関数　58

| 5.1 | n 次導関数 | 58 |
| 5.2 | 積の n 次導関数 | 62 |

第6章 関数の展開　65

6.1	平均値の定理	65
6.2	極値・凹凸	67
6.3	テイラーの公式	71
6.4	テイラー展開	77
6.5	ロピタルの定理	79

第7章 不定積分　84

7.1	原始関数	84
7.2	置換積分，変数変換	86
7.3	部分積分	87
7.4	有理関数の積分	88
7.5	無理関数の積分	92

第8章 定積分　96

8.1	定積分の定義	96
8.2	微積分の基本定理	101
8.3	定積分の計算	103
8.4	区分求積と面積	107
8.5	積分の応用	109
8.6	広義積分	112

第9章 偏微分　120

9.1	極限と連続関数	120
9.2	偏導関数	123
9.3	全微分	125
9.4	高次偏導関数	128
9.5	合成関数の微分	130
9.6	2変数のテイラーの定理	133

9.7	2変数関数の極値	137
9.8	陰関数の定理	140

第10章　重積分　　147

10.1	重積分と累次積分	147
10.2	重積分と体積	153
10.3	重積分の変数変換	155
10.4	曲面の面積	162
10.5	ベータ関数とガンマ関数	164

略　解　　171

索　引　　179

ギリシャ文字の読み方

大文字	小文字	読み方	大文字	小文字	読み方
A	α	アルファ	N	ν	ニュー
B	β	ベータ	Ξ	ξ	クシー
Γ	γ	ガンマ	O	o	オミクロン
Δ	δ	デルタ	Π	π	パイ
E	ε	イプシロン	P	ρ	ロー
Z	ζ	ゼータ	Σ	σ	シグマ
H	η	イータ	T	τ	タウ
Θ	θ	シータ	Υ	υ	ウプシロン
I	ι	イオタ	Φ	φ, ϕ	ファイ
K	κ	カッパ	X	χ	カイ
Λ	λ	ラムダ	Ψ	ψ	プサイ
M	μ	ミュー	Ω	ω	オメガ

第1章 関数とグラフ

● 1.1 座標

座標平面 横軸を x 軸，これに直交する縦軸を y 軸，ふたつの軸の交点を原点 O として xy 平面が定まる．平面上の点 P は，この点から両軸に平行にひいた直線と軸との交点の目盛をつかって，その位置が示せる．数の組 (a, b) を点 P の**座標**といい，P(a, b) と表わす．x 軸について点 P(a, b) を対称移動した点の座標は図から $(a, -b)$ になることがわかる．y 軸についての対称移動，原点 O についての対称移動も同様に考えて次がいえる．

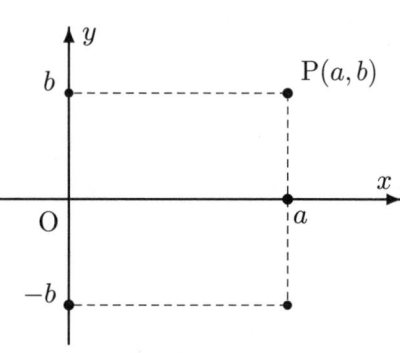

―― ・対称移動・ ――――――――――――――――
点 P(a, b) を

x 軸について対称移動すると $(a, -b)$,

y 軸について対称移動すると $(-a, b)$,

原点 O について対称移動すると $(-a, -b)$

に移る．

これに対して $(a+p, b+q)$ は，点 P(a, b) を x 軸の向きに p，y 軸の向きに q，**平行移動**した点の座標を表わしている．

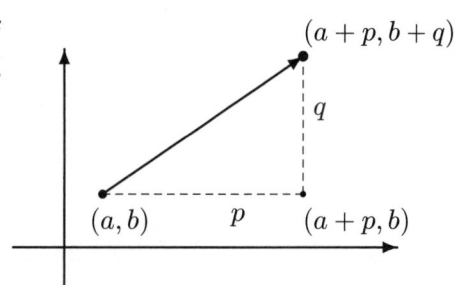

問 1.1.1 図のように点 P(a,b) があたえられたとき，次の点の座標を a,b で表わせ．ただし，QY = TY, PX = PQ = XS, PX = 2PR とする．

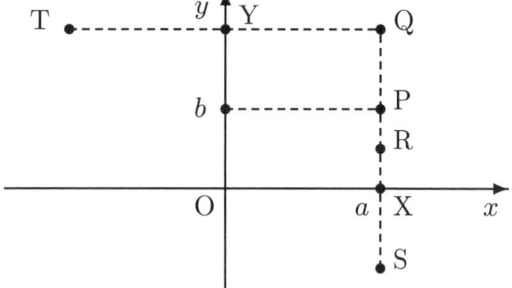

(1) Q　　(2) R
(3) S　　(4) T
(5) X　　(6) Y
(7) T を原点 O に関して対称移動した点

●1.2　関数のグラフ

関数　変化する実数 x それぞれにある実数 y を対応させる規則 f があたえられたとき，関数 f がひとつ定まる，といい

$$\text{関数}\quad f : x \to y \quad \text{あるいは} \quad y = f(x)$$

と表わす．このとき，x を関数 f の**独立変数**，y を f の**従属変数**という．$x = a$ のとき f により対応する値が b であれば，$b = f(a)$ と表わす．

例　$f(x) = x^2 - 1$, $f(1) = 0$. $g(x) = \sqrt{x^2 + 1}$, $g(-2) = \sqrt{5}$ etc.

規則 f は x の数式で表わされるとは必ずしも限らない．

・絶対値・

実数 a が，0 以上なら a を，0 以下なら $-a$ を対応させる規則を $|a|$ で表わし，a の**絶対値**という．

$$|x| = \begin{cases} x & (x \geqq 0 \text{ のとき}) \\ -x & (x \leqq 0 \text{ のとき}) \end{cases}$$

例　$|-2| = 2$,　$\left|\dfrac{-3}{2}\right| = \dfrac{3}{2}$,　$|0| = 0$.

・平方根・

2 乗して a となる数を a の**平方根**という．$a > 0$ のとき正の平方根を $\sqrt{a}$, 負の平方根を $-\sqrt{a}$ で表わす．また $\sqrt{0} = 0$ である．

例　$\sqrt{0.01} = 0.1$,　　$\sqrt{4} = 2$,　　$\sqrt{(-2)^2} = 2$,　　$\sqrt{1.21} = 1.1$.

> $r^2 = a$ とする．$r \geqq 0$ なら $\sqrt{a} = r$.
> $r < 0$ ならば，2乗が a となる 0 以上の数は $-r$ になる．
> $$\sqrt{x^2} = \begin{cases} x & (x \geqq 0 \text{ のとき}) \\ -x & (x \leqq 0 \text{ のとき}) \end{cases}$$
> したがって，$\sqrt{x^2} = |x|$ となる．

注意!　$\sqrt{2}, \sqrt{5}$ など平方根 $\sqrt{a}$ の存在には実数の構成が深く関わる．1.5 節（9 page から）を参照．　□

グラフ　関数 $y = f(x)$ があるとき，座標 $(x, f(x))$ で表わせる点全体が座標平面上でつくる図形を関数 $y = f(x)$ のグラフという．点 $(x, f(x))$ を x 軸の向きに p だけ平行移動すると点 $(x + p, f(x))$ に移る．したがって，$y = f(x)$ のグラフを x 軸の向きに p だけ平行移動してできる図形上の点 (X, Y) はある実数 x_0 をつかって

$$X = x_0 + p, \quad Y = f(x_0)$$

と表わせる．$x_0 = X - p$ だから $Y = f(X - p)$ となり，点 (X, Y) は関数 $y = f(x - p)$ のグラフ上にあることがわかる．y 軸の向きの平行移動，座標軸についての対称移動も同様に考えて次がわかる．

> **・座標軸についての対称・平行移動・**
> 関数 $y = f(x)$ のグラフを
> (1)　x 軸の向きに p だけ平行移動すると　$y = f(x - p)$
> (2)　y 軸の向きに q だけ平行移動すると　$y = f(x) + q$
> (3)　x 軸について対称移動すると　$y = -f(x)$
> (4)　y 軸について対称移動すると　$y = f(-x)$
> のグラフになる．

問 1.2.1　上の (2), (3), (4) を確かめよ．

問 1.2.2 $y = f(x)$ のグラフが右のようになるとき，次の関数のグラフを下から選べ．

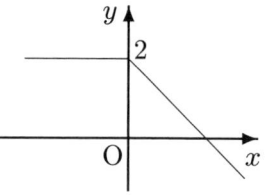

(1) $y = f(-x)$ (2) $y = -f(x)$
(3) $y = f(x-2)$ (4) $y = f(x) - 1$

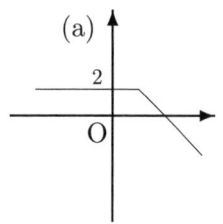
(a)

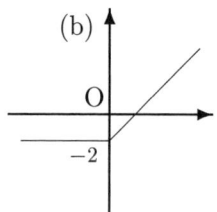
(b)

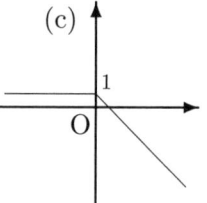
(c)

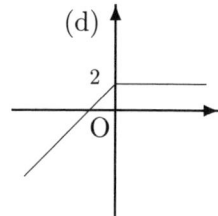
(d)

問 1.2.3
(1) $y = |x|$ のグラフが右のようになることを確かめよ．
(2) 次の関数のグラフを描け．
    (i) $y = -|x|$ (ii) $y = |x-1|$
    (iii) $y = |x| - 1$ (iv) $y = |-x+1|$

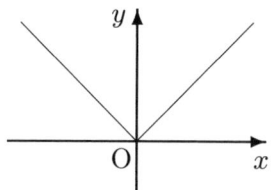

● 1.3 関数の極限

$x = a$ の近くで関数 $f(x)$ は定義されているとする．変数 x が $x \neq a$ を保って a に限りなく近づくとき，$f(x)$ の値が一定の値 ℓ に近づくなら

$$x \to a \text{ のとき } f(x) \to \ell \quad \text{あるいは} \quad \lim_{x \to a} f(x) = \ell$$

と表わして，ℓ を $x \to a$ のときの $f(x)$ の**極限値**という．

例 $x \to 3$ のとき $x^2 \to 9$，$\lim_{x \to 3} 2x = 6$ を合わせて次がわかる．

関数 $f(x) = -\dfrac{1}{2}x^2 + 2x$ で x を 3 に近づけると $f(x)$ の値は $\dfrac{3}{2}$ に近づく．$x \to 3$ のとき $f(x) \to \dfrac{3}{2}$，$\lim_{x \to 3}\left(-\dfrac{1}{2}x^2 + 2x\right) = \dfrac{3}{2}$．

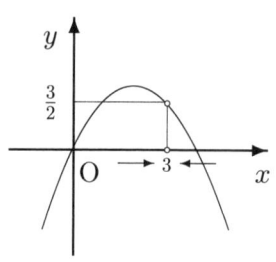

一般に，$\lim_{x \to a} f(x)$，$\lim_{x \to a} g(x)$ があるとき，次が成りたつ．

・極限値の性質・

$\lim_{x \to a} f(x) = \ell$，$\lim_{x \to a} g(x) = m$ のとき

1. $\lim_{x \to a} kf(x) = k\ell$ （ただし k は定数）

2. $\displaystyle\lim_{x\to a}\{f(x)+g(x)\}=\ell+m,\quad \lim_{x\to a}\{f(x)-g(x)\}=\ell-m$
3. $\displaystyle\lim_{x\to a}\{f(x)g(x)\}=\ell m$
4. $\displaystyle\lim_{x\to a}\frac{f(x)}{g(x)}=\frac{\ell}{m}\quad (\text{ただし } m\neq 0)$
5. $f(x)\leqq g(x)$ ならば $\ell\leqq m$

極限値の計算例

(1) $\displaystyle\lim_{x\to 2}\left(x^2+x-2\right)=2^2+2-2=4$

(2) $\displaystyle\lim_{x\to -1}\frac{2x+1}{x+3}=\frac{2(-1)+1}{(-1)+3}=-\frac{1}{2}$

(3) $\displaystyle\lim_{x\to 4}\sqrt{2x+1}=\sqrt{2\cdot 4+1}=\sqrt{9}=3\quad\square$

問 1.3.1 次の極限値を求めよ.

(1) $\displaystyle\lim_{x\to 1}\left(x^3-x\right)$
(2) $\displaystyle\lim_{x\to 0}\frac{x^2+1}{x^3-1}$
(3) $\displaystyle\lim_{x\to 1}\sqrt{x+1}$
(4) $\displaystyle\lim_{h\to 0}(1+h+h^2)^2$

変数 x が正の方向に限りなく大きくなるとき, $x\to\infty$ または $x\to+\infty$ と表わす. 負の方向に絶対値が限りなく大きくなるとき, $x\to-\infty$ と表わす. $x\to\infty$ のとき $f(x)$ の値がある実数 ℓ に限りなく近づくなら

$$x\to\infty \text{ のとき } f(x)\to\ell \quad \text{あるいは} \quad \lim_{x\to\infty}f(x)=\ell$$

と表わして, ℓ を $x\to\infty$ のときの $f(x)$ の**極限値**という.
$\displaystyle\lim_{x\to -\infty}f(x)=\ell$ も同様に定める.

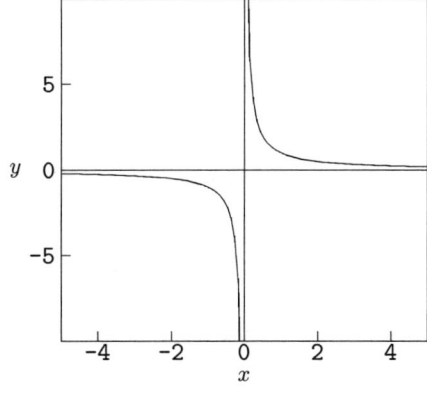

$y=\dfrac{1}{x}$ のグラフから次のことがわかる.

$$\lim_{x\to\infty}\frac{1}{x}=0,\quad \lim_{x\to -\infty}\frac{1}{x}=0$$

次も同様.

$$\lim_{x\to\pm\infty}\frac{1}{x^2}=0,\quad \lim_{x\to\pm\infty}\frac{1}{x^3}=0$$

例題 1.3.1 次の極限値を求めよ．

(1) $\displaystyle\lim_{x\to\infty}\frac{1}{\sqrt{x}}$ (2) $\displaystyle\lim_{x\to-\infty}\frac{1}{x+3}$

(3) $\displaystyle\lim_{x\to\infty}\frac{2x}{x+1}$ (4) $\displaystyle\lim_{x\to\infty}\frac{2x}{x^2+1}$

解 (1) $x\to\infty$ のとき $\sqrt{x}\to\infty$ であるから $\displaystyle\lim_{x\to\infty}\frac{1}{\sqrt{x}}=0$

(2) $x\to-\infty$ のとき $x+3\to-\infty$ であるから $\displaystyle\lim_{x\to-\infty}\frac{1}{x+3}=0$

(3) $\displaystyle\lim_{x\to\infty}\frac{2x}{x+1}=\lim_{x\to\infty}\frac{2}{1+\dfrac{1}{x}}=\frac{2}{1+0}=2$

(4) $\displaystyle\lim_{x\to\infty}\frac{2x}{x^2+1}=\lim_{x\to\infty}\frac{2}{x+\dfrac{1}{x}}=\lim_{x\to\infty}\frac{2}{x+0}=0$ □

右側・左側極限値 関数 $\dfrac{1}{x}$ で x を 0 に近づけてみる．先の図から 0 の右側 $(x>0)$ から近づけると $\dfrac{1}{x}\to+\infty$，左側 $(x<0)$ から近づけると $\dfrac{1}{x}\to-\infty$ となることがわかる．近づけ方で異なってくる結果を区別するため，$x>a$ を保って x を a に近づけることを $x\to a+0$，$x<a$ を保って x を a に近づけることを $x\to a-0$ で表わす．

そして $\displaystyle\lim_{x\to a+0}f(x)$ を**右側極限値**，$\displaystyle\lim_{x\to a-0}f(x)$ を**左側極限値**という．

問 1.3.2 $\displaystyle\lim_{x\to+0}\frac{x}{|x|}$, $\displaystyle\lim_{x\to-0}\frac{x}{|x|}$ を求めよ．

極限の計算例 $f(x)=\dfrac{x^2-3x+2}{x-1}$ を考える．$x=1$ では分母が 0 になるので代入するだけでは極限値は求まらない．しかし分子も $x=1$ で 0 になることに注意すると，

$$\lim_{x\to 1}\frac{x^2-3x+2}{x-1}=\lim_{x\to 1}\frac{(x-2)(x-1)}{x-1}=\lim_{x\to 1}(x-2)=-1$$

となって，0 になる因数が約せて極限値が求められる．

例題 1.3.2 次の極限値を求めよ．

(1) $\displaystyle\lim_{x\to 1}\frac{x^3-3x^2+2}{x^2-1}$ (2) $\displaystyle\lim_{x\to -1}\frac{x^2+4x+3}{x^3+1}$

解 (1) $\displaystyle\lim_{x\to 1}\frac{x^3-3x^2+2}{x^2-1}=\lim_{x\to 1}\frac{(x-1)(x^2-2x-2)}{(x-1)(x+1)}$

$\displaystyle=\lim_{x\to 1}\frac{x^2-2x-2}{x+1}=-\frac{3}{2}$

(2) $\displaystyle\lim_{x\to -1}\frac{x^2+4x+3}{x^3+1}=\lim_{x\to -1}\frac{(x+1)(x+3)}{(x+1)(x^2-x+1)}$
$=\displaystyle\lim_{x\to -1}\frac{x+3}{x^2-x+1}=\frac{2}{3}$ □

極限 $\displaystyle\lim_{x\to\pm\infty}\frac{ax^n+\cdots}{bx^m+\cdots}$ (n,m は自然数) を調べるときは，分母と分子それぞれの最高次の項をくくりだして計算する．

計算例

(1) $\displaystyle\lim_{x\to\infty}\frac{x^2-10x+100}{2x^2+1}=\lim_{x\to\infty}\frac{x^2\left(1-\dfrac{10}{x}-\dfrac{100}{x^2}\right)}{x^2\left(2+\dfrac{1}{x^2}\right)}$

$=\displaystyle\lim_{x\to\infty}\frac{1-\dfrac{10}{x}-\dfrac{100}{x^2}}{2+\dfrac{1}{x^2}}=\frac{1}{2}$

(2) $\displaystyle\lim_{x\to -\infty}\frac{x-4}{x^2+10}=\lim_{x\to -\infty}\frac{x\left(1-\dfrac{4}{x}\right)}{x^2\left(1+\dfrac{10}{x^2}\right)}$

$=\displaystyle\lim_{x\to -\infty}\frac{1}{x}\cdot\frac{1-\dfrac{4}{x}}{1+\dfrac{10}{x^2}}=0\cdot\frac{1}{1}=0$ □

例題 1.3.3 次の極限値を求めよ．

(1) $\displaystyle\lim_{x\to\infty}\left(\sqrt{x}-\sqrt{x+1}\right)$ (2) $\displaystyle\lim_{x\to 0}\frac{\sqrt{1+x}-1}{x}$

解 (1) $\displaystyle\lim_{x\to\infty}\left(\sqrt{x}-\sqrt{x+1}\right)=\lim_{x\to\infty}\frac{\left(\sqrt{x}-\sqrt{x+1}\right)\left(\sqrt{x}+\sqrt{x+1}\right)}{\sqrt{x}+\sqrt{x+1}}$

$=\displaystyle\lim_{x\to\infty}\frac{x-(1+x)}{\sqrt{x}+\sqrt{x+1}}=\lim_{x\to\infty}\frac{-1}{\sqrt{x}+\sqrt{x+1}}=0$

(2) $\displaystyle\lim_{x\to 0}\frac{\sqrt{1+x}-1}{x}=\lim_{x\to 0}\frac{\left(\sqrt{1+x}-1\right)\left(\sqrt{1+x}+1\right)}{x\left(\sqrt{1+x}+1\right)}$

$=\displaystyle\lim_{x\to 0}\frac{1+x-1}{x\left(\sqrt{1+x}+1\right)}=\lim_{x\to 0}\frac{1}{\sqrt{1+x}+1}=\frac{1}{2}$ □

問 1.3.3 極限値を求めよ．

(1) $\displaystyle\lim_{x\to\infty}\left(x-\sqrt{x^2+1}\right)$ (2) $\displaystyle\lim_{x\to 0}\frac{\sqrt{1+2x}-1}{\sqrt{1+x}-1}$

1.4 関数の連続性

関数が連続であるとは，そのグラフが切れ目なくつながっていることである．1 点 $x = a$ でつながっている状態を次のように表わす．

点 $x = a$ を含む範囲で定義された関数 $f(x)$ について

$$\text{極限値 } \lim_{x \to a} f(x) \text{ があって，} \lim_{x \to a} f(x) = f(a)$$

が成りたつとき，$f(x)$ は $x = a$ で**連続である**という．

これが成りたたないとき $x = a$ で**不連続である**という．したがって $f(x)$ が $x = a$ で不連続であるとは

$$\text{極限値 } \lim_{x \to a} f(x) \text{ が存在しない,}$$

または

$$\lim_{x \to a} f(x) \text{ があっても } \lim_{x \to a} f(x) \neq f(a)$$

のどちらかである．

定義されている範囲すべての点で連続であるとき，その範囲で連続であるという．

$f(x), g(x)$ がある範囲で連続ならば

(i) $kf(x)$ （k は定数）　　(ii) $f(x) + g(x), \quad f(x) - g(x)$

(iii) $f(x)g(x)$

も同じ範囲で連続になる．

(iv) $\dfrac{f(x)}{g(x)}$ は $g(x) \neq 0$ である点 x で連続になる．

$ax + b$, $ax^2 + bx + c$ を含む x の整式 $a_n x^n + a_{n-1} x^{n-1} + \cdots + a_1 x + a_0$ で表わされる関数は実数全体で連続である．

例題 1.4.1　$f(x) = \dfrac{x^3 + ax + 2}{x - 1}$ が実数全体で連続になるように a を定めよ．

解　$x - 1$ は連続であるから，積

$$f(x)\cdot(x-1) = \frac{x^3+ax+2}{x-1}\cdot(x-1)$$

も連続でなければならない．$x\neq 1$ では

$$f(x)\cdot(x-1) = x^3+ax+2$$

だから

$$\lim_{x\to 1}(x^3+ax+2) = \lim_{x\to 1}f(x)\cdot(x-1) = 0$$

一方，左辺の極限値は $a+3$ だから $a=-3$ でなければならない．逆に $a=-3$ ならば

$$f(x) = \frac{x^3-3x+2}{x-1} = \frac{(x-1)(x^2+x-2)}{x-1} = x^2+x-2$$

となり，2 次関数として実数全体で連続になるように定義し直せることがわかる． □

●1.5 数直線と実数

整数と有理数　直線上に異なる 2 点を選んで，ひとつに 0 を目盛り，原点 O とする．残りの 1 点に目盛り 1 を刻む．0 から 1 に向かう方向に等しい間隔で目盛りをつけて，**自然数**の全体 $\{1,2,3,\dots\}$ が直線上に刻まれる．1 とは逆に向かう方向に同じ間隔で目盛って現れる負の整数と合わせて，**整数**の全体 $\{\,0,\pm 1,\pm 2,\pm 3,\dots\,\}$ が直線上に等間隔 1 で刻まれる．

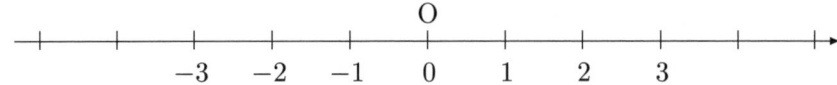

この間隔をさらに n 等分 $(n=1,2,3,\dots)$ して目盛っていくと，**有理数**の全体 $\left\{\dfrac{q}{p}\,;\,p,q\text{ は整数で }p\neq 0\right\}$ が直線上に刻まれる．これでいくらでも細かい間隔で直線上に目盛りがつけられたことになる．

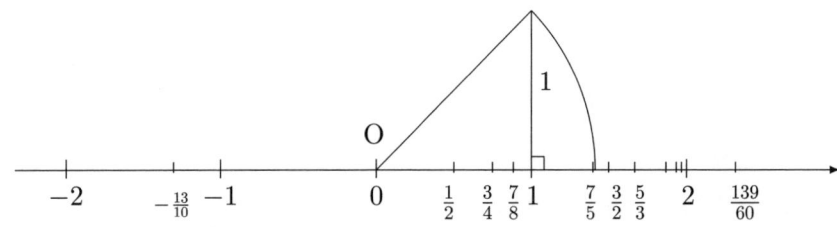

座標平面上の x 軸は点がすきまなく連続的に並ぶ**数直線**であるが，有理数だけではこの直線を埋めつくすことができない．

問 1.5.1 $x^2 = 2$ となる有理数はないことを示せ.

問 1.5.2 (1) $\dfrac{7}{5} < x,\ 0 < 2 - x^2 < 0.1$ となる正の有理数 x をひとつ求めよ.

(2) $\dfrac{7}{5} < x,\ 0 < 2 - x^2 < 0.01$ となる正の有理数 x をひとつ求めよ.

(3)$^{(*)}$ 各自然数 $n = 1, 2, 3, \ldots$ について $|x^2 - 2| < \dfrac{1}{10^n}$ となる正の有理数があることを示せ.
(hint: $0 < x,\ x^2 < D$ のとき $y = \dfrac{x(x^2 + 3D)}{3x^2 + D}$ とおくと $y > x,\ D - y^2 = \dfrac{(D - x^2)^3}{(3x^2 + D)^2}$ となることをつかう.)

実数の構成 問 1.5.1 にみるように $\sqrt{2}$ にあたる数は有理数ではみつからない. 一方で問 1.5.2 の解答例から

$$\text{増加する有理数の列 } x_1 < x_2 < x_3 < \cdots < x_n < \cdots \text{ で,}$$
$$2\text{乗 } x_n^2 \text{ が } 2 \text{ にいくらでも近づくものがとれる}$$

ことがわかる.

2乗して 2 になる正の数 $\sqrt{2}$ はこの有理数列の極限値と考えればよい. このように有理数の列の極限としてえられる数をすべて付け加えて, **実数**の全体が構成できる.

> **・数列の極限・**
>
> 自然数 $\{1, 2, \ldots, n, \ldots\}$ ひとつひとつに対して, ある実数 $a_1, a_2, \ldots, a_n, \ldots$ が対応するとき, **無限数列** $\{a_n\}_{n=1}^{\infty}$ がひとつ決まる.
> n を大きくしていくと a_n がある実数 a にいくらでも近づくとする. このとき $\{a_n\}_{n=1}^{\infty}$ は**極限値** a に収束するといい,
> $$\lim_{n \to \infty} a_n = a$$
> と表わす.

有理数でない実数を**無理数**という. 構成の仕方から次がいえる.

定理 1.5.1 (有理数の稠密性) 任意の無理数 a に対して増加する有理数の列 $\{r_n\}_{n=1}^{\infty}$ で a に収束するものがある. すなわち

$$r_1 < r_2 < \cdots < r_n < r_{n+1} < \cdots \to a, \quad \lim_{n \to \infty} r_n = a$$

有理数のすきまを極限値の無理数で埋める．こうして実数がすきまなく連続に構成され，数直線上の各点に実数がひとつずつ切れ目なく対応することになる．このことは次のようにも言い表わされる．

定理 1.5.2（実数の連続性） 上に有界な単調増加数列はある実数に収束する．すなわち

$$a_1 < a_2 < \cdots < a_n < a_{n+1} < \cdots \quad (単調増加),$$
$$すべての n について a_n < A となる実数 A がある（上に有界）$$

ならば，ある実数 $a\ (\leqq A)$ があって $\lim_{n\to\infty} a_n = a$ となる．

実数 e

例題 1.5.1 数列 $\left\{\left(1+\dfrac{1}{n}\right)^n\right\}_{n=1}^{\infty}$ は収束することを示せ．

[略解] 2項展開の公式 (62 page)

$$(a+b)^n = \sum_{k=0}^{n} \frac{n(n-1)\cdots(n-k+1)}{k!}\, a^{n-k} b^k$$
$$k! = k(k-1)\cdots 2\cdot 1 \quad (ただし\ 0! = 1)$$

で，$a=1,\ b=\dfrac{1}{n}$ としてみると

$$\left(1+\frac{1}{n}\right)^n = 1 + 1 + \frac{1}{2!}\left(1-\frac{1}{n}\right) + \cdots$$
$$\cdots + \frac{1}{n!}\left(1-\frac{1}{n}\right)\left(1-\frac{2}{n}\right)\cdots\left(1-\frac{n-1}{n}\right)$$

となる．これから

$$2 = \left(1+\frac{1}{1}\right)^1 < \left(1+\frac{1}{2}\right)^2 < \cdots$$
$$\cdots < \left(1+\frac{1}{n}\right)^n < \left(1+\frac{1}{n+1}\right)^{n+1} < \cdots$$

であることと，すべての $n = 1, 2, 3, \ldots$ について

$$\left(1+\frac{1}{n}\right)^n < 3$$

となることが導ける．上に有界な単調増加列になるので定理 1.5.2 により極限値の存在がいえる．　□

> **・極限値 e（ネイピア (Napier) の数）・**
>
> $$e = \lim_{n \to +\infty} \left(1 + \frac{1}{n}\right)^n = 2.71828\ldots$$

問 1.5.3 例題 1.5.1 の略解を補足せよ.

● 1.6 | 連続関数の性質

実数 a, b $(a < b)$ に対し

$$(a, b) = \{x \,;\, a < x < b\}, \quad [a, b] = \{x \,;\, a \leqq x \leqq b\}$$

で a と b の間にある実数を表わす. 両端を含まない (a, b) を **開区間**, 両端を含む $[a, b]$ を **閉区間**, 片方の端のみ含む $[a, b), (a, b]$ を半開区間という. 区間といえばこのどれかを指すものとする.

関数 $f(x)$ が開区間 (a, b) 上の各点で連続であるとき, $f(x)$ は (a, b) で連続であるという.

閉区間 $[a, b]$ 上の関数 $f(x)$ については,

$$f(x) \text{ が開区間 } (a, b) \text{ で連続},$$
$$\lim_{x \to a+0} f(x) = f(a), \quad \lim_{x \to b-0} f(x) = f(b)$$

であるとき, $f(x)$ は $[a, b]$ で連続であるという.

次のふたつの定理は連続関数を扱うときの基本になる.

定理 1.6.1（中間値の定理） $f(x)$ は閉区間 $[a, b]$ 上で連続, $f(a) < f(b)$ とする. このとき $f(a) < \ell < f(b)$ である任意の数 ℓ に対して, $f(c) = \ell$ となる $a < c < b$ がある. $f(a) > f(b)$ のときも同様のことがいえる.

区間 $[a, b]$ 上でグラフがつながっているので 直線 $y = \ell$ を横切ることが右図からわかる.

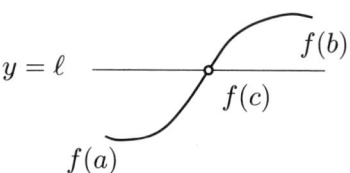

定理 1.6.2（最大値と最小値） $f(x)$ は閉区間 $[a,b]$ 上で連続であるとする．このとき，ある x_1, x_2 を $[a,b]$ からみつけて

$$f(x_1) \leqq f(x) \leqq f(x_2)$$

が $[a,b]$ 内の任意の x に対して成りたつようにできる．

ふたつの値 $m = f(x_1)$, $M = f(x_2)$ をそれぞれ $f(x)$ の閉区間 $[a,b]$ での**最小値・最大値**という．

閉区間でないときには，連続関数が最大値，最小値をもつこともももたないこともある．

問 1.6.1 (*) $f(x) = x^3 + ax^2 + bx + c$ (a, b, c は実数) とする．任意の実数 ℓ に対して $f(x_0) = \ell$ となる実数 x_0 があることを示せ．

問 1.6.2 指定の区間で次の関数が最大値か最小値をもつならば，それらを求めよ．
(1) $\dfrac{1}{x}$, $(0, 1]$ (2) $2x + 1$, $[-1, 1]$
(3) $2x - x^2$, $[-1, 2]$ (4) $x^2 + 2x$, $(-1, 1]$

注意！ 2次関数 $f(x) = ax^2 + bx + c$, $a \neq 0$ の最大値・最小値は標準形

$$ax^2 + bx + c = a\left(x + \frac{b}{2a}\right)^2 + c - \frac{b^2}{4a}$$

に書き直すことで求められる．また，$ax^2 + bx + c = 0$ となる x は

・2次方程式の解の公式・

$$x = \frac{-b \pm \sqrt{b^2 - 4ac}}{2a}$$

$b^2 - 4ac \geqq 0$ なら実数解，$b^2 - 4ac < 0$ なら虚数解．

と具体的に示される．一方，上のふたつの定理は中間値，最大値，最小値をとる x が**存在する**と述べているだけで，それらを求める具体的な方法については何も示していない．

このように，求める手続きはわからなくても存在することが保証できるのは，実数の構成とそれに基づく連続性（定理 1.5.2）による． □

問題

1. n を自然数とするとき $\displaystyle\lim_{n\to\infty} \frac{n!}{n^n} = 0$ を示せ．ここで $n!$ は n の階乗を表わす (60 page)．

2. 次の極限値を求めよ.

(1) $\displaystyle\lim_{x\to\infty}\frac{1+x^2}{x+2x^2}$

(2) $\displaystyle\lim_{x\to\infty}\frac{(1+x^2)(2-x)}{(1+x)(x+2x^2)}$

(3) $\displaystyle\lim_{x\to 0}\frac{(1+x)^3-1}{x}$

(4) $\displaystyle\lim_{x\to 0}\frac{\frac{1}{3+x}-\frac{1}{3}}{x}$

(5) $\displaystyle\lim_{x\to 1}\frac{x^2-3x+2}{x^2-x}$

(6) $\displaystyle\lim_{x\to 1}\frac{x^2-4x+3}{x^3-1}$

(7) $\displaystyle\lim_{x\to 4}\frac{\sqrt{x}-2}{x-4}$

(8) $\displaystyle\lim_{x\to\infty}x(\sqrt{1+x^2}-x)$

(9) $\displaystyle\lim_{x\to 0}\frac{\sqrt{1+x^2}-\sqrt{1-x^2}}{x^2}$

(10) $\displaystyle\lim_{x\to\infty}\sqrt{3x}\left(\sqrt{x}-\sqrt{1+x}\right)$

(11) $\displaystyle\lim_{x\to 1}\frac{x^2-1}{\frac{1}{x+2}-\frac{1}{3}}$

(12) $\displaystyle\lim_{x\to a}\frac{x^2+ax-2a^2}{2x^2-ax-a^2}$

(13) $\displaystyle\lim_{x\to -1}\frac{\sqrt{x^2+8}-3}{x+1}$

(14) $\displaystyle\lim_{x\to 0}\frac{\sqrt{1-x}-\sqrt{1+x^2}}{\sqrt{1+x}-\sqrt{1-x^2}}$

3. $\displaystyle\lim_{x\to a}(f(x)-g(x))=2,\ \lim_{x\to a}(2f(x)-g(x))=1$ とする. 次の値を求めよ.

(1) $\displaystyle\lim_{x\to a}f(x)\cdot g(x)$ (2) $\displaystyle\lim_{x\to a}\frac{g(x)}{f(x)}$ (3) $\displaystyle\lim_{x\to a}\sqrt{(f(x))^2}$

4. 実数 a,b に対して次が成りたつことを示せ.

(1) $|ab|=|a|\cdot|b|$ (2) $\left|\dfrac{a}{b}\right|=\dfrac{|a|}{|b|},\ b\neq 0$ (3) $|a|^2=\left|a^2\right|=a^2$

5. (1) (三角不等式) 実数 a,b に対して, 次の不等式が成りたつことを示せ.

$$||a|-|b||\leqq|a+b|\leqq|a|+|b|$$

(2) $|x|$ は実数全体で連続であることを示せ.

(*)(3) ある区間で $f(x)$ が連続ならば, $|f(x)|$ も連続であることを示せ.

6. 次の関数 $y=f(x)$ のグラフを描け.

(1) $f(x)=1-\sqrt{1-x}$ (2) $f(x)=|2-x|-3$
(3) $f(x)=x^2-3x-4$ (4) $f(x)=|x^2-4x+3|$

(5) $f(x) = \dfrac{1}{1-x}$ (6) $f(x) = \dfrac{2-x}{x+1}$

7. 次の関数の指定された範囲での最大値，最小値を調べよ．

   (1) $\sqrt{3-x}$ $(1 \leqq x \leqq 2)$ (2) $3 - 2x^2$ （実数全体）

   (3) $\dfrac{1}{4-x}$ $(1 \leqq x \leqq 3)$ (4) $\left|\dfrac{2-x}{x+1}\right|$ $(x \neq -1)$

   (5) $\sqrt{|x+2|}$ $(-1 \leqq x \leqq 3)$ (6) $|2x^2 - 3x - 9|$ （実数全体）

8. $x \neq 0$ で次の関数をあたえたとき，$x = 0$ でも連続であるようにできることを示せ．

   (1) $\dfrac{x^2 + x}{x}$ (2) $\dfrac{\sqrt{1+|x|} - 1}{\sqrt{x^2}}$ (3) $\dfrac{|1-x| - |1+x|}{x}$

9. (*) 区間 $[a, b]$ で定義された連続関数 $f(x)$ が常に $a \leqq f(x) \leqq b$ をみたすとき，$f(x) = x$ となる x があることを示せ．

第2章 微分と導関数

● 2.1 微分係数

---・平均変化率・---

独立変数 x が x_1 から x_2 まで変わるとき，関数 $y=f(x)$ の値は $f(x_1)$ から $f(x_2)$ まで変わる．それぞれの変化量

$$\Delta x = x_2 - x_1, \quad \Delta y = y_2 - y_1, \quad y_1 = f(x_1), \quad y_2 = f(x_2)$$

を x, y の増分といい，これらの比

$$\frac{\Delta y}{\Delta x} = \frac{y_2 - y_1}{x_2 - x_1} = \frac{f(x_2) - f(x_1)}{x_2 - x_1}$$

を平均変化率という．

$y = f(x)$ のグラフ上に 2 点 P $(a, f(a))$, Q $(a+h, f(a+h))$ をとる．直線 PQ の傾き

$$\frac{f(a+h) - f(a)}{(a+h) - a} = \frac{f(a+h) - f(a)}{h}$$

は，x が $x_1 = a$ から $x_2 = a+h$ まで変化したときの平均変化率である．

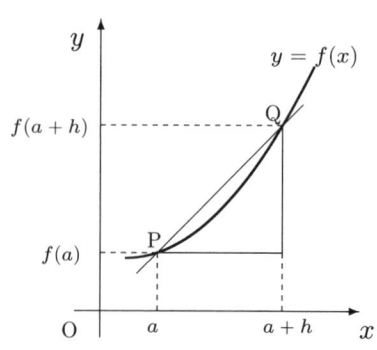

x が値 a をとる瞬間の変化を調べるため，増分をみる点 $a+h$ を $h\to 0$ として a に限りなく近づける．このとき，右の図では直線 PQ の傾きが一定の値に近づくようにみえる．

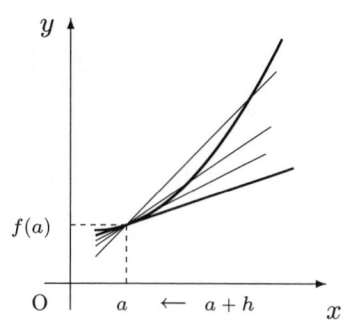

・微分係数・

極限値
$$\ell = \lim_{h\to 0}\frac{f(a+h)-f(a)}{h}$$
が存在するとき $f(x)$ は $x=a$ で**微分可能**であるという．$\ell = f'(a)$ と表わして $f(x)$ の $x=a$ での**微分係数**という．

注意! $f(x)$ が $x=a$ で微分可能とすると

$$\lim_{h\to 0}(f(a+h)-f(a))$$
$$=\lim_{h\to 0}\left(\left(\frac{f(a+h)-f(a)}{h}-f'(a)\right)\cdot h + f'(a)\cdot h\right)=0$$

となり，$f(x)$ は $x=a$ で連続でなければならない． □

問 2.1.1 上の逆は成りたたないことを示せ．（ある $x=a$ で連続だが，そこで微分可能ではない例をつくる．）

・接線の方程式・

$f(x)$ が $x=a$ で微分可能であるとき，点 $(a, f(a))$ を通り，微分係数 $f'(a)$ を傾きとする直線
$$y = f'(a)(x-a) + f(a)$$
をグラフ $y=f(x)$ の $x=a$ における**接線**という．

問 2.1.2 (*) 点 $Q(X, Y)$ と直線 $\ell : y = mx+n$ の距離（Q から ℓ に下した錘線の足 H への長さ QH）は $\dfrac{|Y-mX-n|}{\sqrt{1+m^2}}$ であたえられることを示せ．

問 2.1.3 (*) $f(x)$ は $x=a$ で微分可能，$P(a, f(a))$ とする．グラフ上の点 $Q(x, f(x))$ から $x=a$ における接線への距離を d_Q とするとき

$$\lim_{x \to a} \frac{d_Q}{\mathrm{PQ}} = 0$$

となることを示せ.

例題 2.1.1 $f(x) = x^3$ のとき，定義により次の x での微分係数の値を求め，そこでの接線の方程式をかけ.

(1) $x = 2$ 　　　(2) $x = a$

解 (1) $\quad f'(2) = \lim_{h \to 0} \dfrac{(2+h)^3 - 2^3}{h} = \lim_{h \to 0} \dfrac{8 + 12h + 6h^2 + h^3 - 8}{h}$
$\qquad\qquad = \lim_{h \to 0}(12 + 6h + h^2) = 12$

したがって，接線の方程式は $y = 12x - 16$ である.

(2) $\quad f'(a) = \lim_{h \to 0} \dfrac{(a+h)^3 - a^3}{h} = \lim_{h \to 0} \dfrac{a^3 + 3a^2 h + 3ah^2 + h^3 - a^3}{h}$
$\qquad\qquad = \lim_{h \to 0}(3a^2 + 3ah + h^2) = 3a^2$

したがって，接線の方程式は $f(a) = a^3$ より $y = 3a^2 x - 2a^3$ である.　□

問 2.1.4 $f(x) = \sqrt{1 + x^2}$ のとき，定義どおりに次の微分係数を求めよ.

(1) $f'(0)$ 　　　(2) $f'(1)$ 　　　(3) $f'(a)$

問 2.1.5 $f(x) = \dfrac{1}{1 + x^2}$ とする．微分係数の定義のとおりに次を求めよ.

(1) $f'(0)$ 　　　(2) $f'(a)$

●2.2　導関数

例題 2.1.1 でみるように $f(x) = x^3$ の $x = a$ での微分係数は $f'(a) = 3a^2$ であたえられる．これで $x = a$ に $f(x) = x^3$ の微分係数 $3a^2$ を対応させる関数が定められることになる.

・導関数・

$f(x)$ がある区間で微分可能であるとき，各点での微分係数

$$f'(x) = \lim_{h \to 0} \frac{f(x+h) - f(x)}{h}$$

を値とする関数を $f(x)$ の**導関数**といい，$f'(x)$ で表わす.

---

x, $y = f(x)$ それぞれの増分を

$$h = \Delta x, \quad \Delta y = f(x+h) - f(x)$$

と表わすと，導関数は

$$f'(x) = \lim_{h \to 0} \frac{f(x+h) - f(x)}{h} = \lim_{\Delta x \to 0} \frac{\Delta y}{\Delta x}$$

と表わせる．

・微分の記号・

関数 $y = f(x)$ の導関数 $f'(x)$ を求めることを

$$f(x) \text{ を微分する}$$

という．導関数 $f'(x)$ は，y', $\dfrac{dy}{dx}$, $\dfrac{d}{dx}f(x)$ とも表わされる．

$f'(x) = \lim\limits_{x' \to x} \dfrac{f(x') - f(x)}{x' - x}$ ： $f(\cdot)$ の $(\cdot)$ 内の変数による微分

$\dfrac{dy}{dx} = \lim\limits_{\Delta x \to 0} \dfrac{\Delta y}{\Delta x}$ ： $\Delta x = x' - x$, $\Delta y = f(x') - f(x)$

　　　　　　　　従属変数 $y = f(x)$ の独立変数 x による微分

$\dfrac{df}{dx}$ ： 関数 $f(x)$ を変数 x で微分

$\dfrac{d}{dx}y = \dfrac{d}{dx}f$ ： 関数 $y = f(x)$ に微分という操作 $\dfrac{d}{dx}$ を行う

例題 2.2.1 次の関数を微分せよ．
　(1)　$y = x$　　　　　　(2)　$y = c$　（定数）

解　(1)　$y' = \lim\limits_{h \to 0} \dfrac{(x+h) - x}{h} = \lim\limits_{h \to 0} \dfrac{h}{h} = \lim\limits_{h \to 0} 1 = 1$

　　(2)　$y' = \lim\limits_{h \to 0} \dfrac{c - c}{h} = \lim\limits_{h \to 0} \dfrac{0}{h} = \lim\limits_{h \to 0} 0 = 0$ 　　□

・導関数の公式・

1. $y = kf(x)$ （k は定数）のとき　$y' = kf'(x)$
2. $y = f(x) + g(x)$ のとき　$y' = f'(x) + g'(x)$
3. $y = x^n$ （n は自然数）のとき　$y' = nx^{n-1}$

証明 1. $$y' = \lim_{h \to 0} \frac{kf(x+h) - kf(x)}{h} = \lim_{h \to 0} k\frac{f(x+h) - f(x)}{h}$$
$$= k \lim_{h \to 0} \frac{f(x+h) - f(x)}{h} = kf'(x)$$

2. $$y' = \lim_{h \to 0} \frac{(f(x+h) + g(x+h)) - (f(x) + g(x))}{h}$$
$$= \lim_{h \to 0} \left\{ \frac{f(x+h) - f(x)}{h} + \frac{g(x+h) - g(x)}{h} \right\}$$
$$= f'(x) + g'(x)$$

3. ふたつの式を展開する.

$$a(a^{n-1} + a^{n-2}b + \cdots + ab^{n-2} + b^{n-1})$$
$$= a^n + a^{n-1}b + \cdots + a^2b^{n-2} + ab^{n-1},$$
$$b(a^{n-1} + a^{n-2}b + \cdots + ab^{n-2} + b^{n-1})$$
$$= a^{n-1}b + a^{n-2}b^2 + \cdots + ab^{n-1} + b^n$$

辺々ごとに引いて右辺と左辺を入れ替えると次の等式

$$a^n - b^n = (a-b)(a^{n-1} + a^{n-2}b + \cdots + ab^{n-2} + b^{n-1})$$

をえる. $a = x+h, b = x$ とおくと

$$(x+h)^n - x^n$$
$$= (x+h-x)\left((x+h)^{n-1} + (x+h)^{n-2}x + \cdots + (x+h)x^{n-2} + x^{n-1}\right)$$
$$= h\left((x+h)^{n-1} + (x+h)^{n-2}x + \cdots + (x+h)x^{n-2} + x^{n-1}\right)$$

したがって

$$y' = \lim_{h \to 0} \frac{(x+h)^n - x^n}{h}$$
$$= \lim_{h \to 0} \left((x+h)^{n-1} + (x+h)^{n-2}x + \cdots + (x+h)x^{n-2} + x^{n-1}\right)$$
$$= x^{n-1} + x^{n-2}x + \cdots + xx^{n-2} + x^{n-1} = nx^{n-1} \quad \square$$

・積の微分・

4. $y = f(x)g(x)$ のとき $y' = f'(x)g(x) + f(x)g'(x)$

証明
$$y' = \lim_{h \to 0} \frac{f(x+h)g(x+h) - f(x)g(x)}{h}$$
$$= \lim_{h \to 0} \frac{f(x+h)g(x+h) - f(x)g(x+h) + f(x)g(x+h) - f(x)g(x)}{h}$$
$$= \lim_{h \to 0} \left\{ \frac{f(x+h) - f(x)}{h} g(x+h) + f(x) \frac{g(x+h) - g(x)}{h} \right\}$$
$$= f'(x)g(x) + f(x)g'(x) \quad \square$$

問 2.2.1 次の関数を微分せよ．

(1) $x^2 \left(x^2 - 4x \right)$ (2) $x^3 - 3x$ (3) $x^3 (1 + 3x)$

(4) $(2x+1)^3$ (5) $1 - \dfrac{x^2}{2} + \dfrac{x^4}{24}$ (6) $x - \dfrac{x^3}{6} + \dfrac{x^5}{120}$

(7) $x(x^4 + 1)$ (8) $(x^2+2)(x-1)$

問 2.2.2 $f'(a)$ をつかって次の量を表わせ．

(1) $\displaystyle\lim_{h \to 0} \frac{f(a) - f(a+h)}{h}$ (2) $\displaystyle\lim_{h \to 0} \frac{f(a+2h) - f(a)}{h}$

(3) $\displaystyle\lim_{h \to 0} \frac{f(a+h) - f(a-h)}{h}$ (4) $\displaystyle\lim_{h \to 0} \frac{f(a+h^2) - f(a)}{h}$

(5) $\displaystyle\lim_{h \to 0} \frac{(f(a+h))^2 - (f(a))^2}{h}$ (6) $\displaystyle\lim_{x \to a} \frac{xf(x) - af(a)}{x - a}$

(7) $\displaystyle\lim_{x \to a} \frac{1}{x-a} \left(\frac{1}{f(x)} - \frac{1}{f(a)} \right)$ $f(a) \neq 0$ とする．

例題 2.2.2 $x \neq 0$ で定義される関数 $f(x) = \dfrac{1}{x}$ の導関数を求めよ．

解 $x \neq 0$ とする．導関数の定義から
$$f'(x) = \lim_{h \to 0} \frac{f(x+h) - f(x)}{h} = \lim_{h \to 0} \frac{\dfrac{1}{x+h} - \dfrac{1}{x}}{h}$$
$$= \lim_{h \to 0} \frac{1}{h} \left(\frac{x - (x+h)}{x(x+h)} \right) = \lim_{h \to 0} \frac{1}{h} \cdot \frac{-h}{x(x+h)}$$
$$= \lim_{h \to 0} \frac{-1}{x(x+h)} = -\frac{1}{x^2} \quad \square$$

$\dfrac{1}{x} = x^{-1}$ であるから例題 2.2.2 の結果は次のように書ける．

$$\left(x^{-1} \right)' = (-1)x^{-1-1} = (-1)x^{-2}$$

問 2.2.3　$x \neq 0$ で定義される関数 $f(x) = \dfrac{1}{x^2}$ の導関数を求めよ．

・商の微分・

5.　$y = \dfrac{f(x)}{g(x)}$, $g(x) \neq 0$ のとき

$$y' = \frac{f'(x)g(x) - f(x)g'(x)}{g(x)^2}$$

証明　y の増分 $\dfrac{f(x+h)}{g(x+h)} - \dfrac{f(x)}{g(x)}$ を通分して次のように書き直す．

$$\frac{1}{g(x)g(x+h)}\left((f(x+h) - f(x))\cdot g(x) - f(x)(g(x+h) - g(x))\right)$$

これをつかって平均変化率の極限をとる．

$$y' = \lim_{h \to 0} \frac{1}{g(x)g(x+h)}\left(\frac{f(x+h)-f(x)}{h}g(x) - f(x)\frac{g(x+h)-g(x)}{h}\right)$$

$$= \frac{1}{g(x)^2}\left(f'(x)g(x) - f(x)g'(x)\right) = \frac{f'(x)g(x) - f(x)g'(x)}{g(x)^2} \qquad \square$$

問 2.2.4　商の微分の公式をつかって次を示せ．

$$\left(\frac{1}{x^n}\right)' = \left(x^{-n}\right)' = (-n)x^{-n-1},\ n = 1, 2, 3, \ldots$$

問 2.2.5　次の関数を微分せよ．

(1)　$\dfrac{x}{1+x^2}$　　(2)　$\dfrac{1}{1+x^2}$　　(3)　$\dfrac{x^2}{1+x^2}$　　(4)　$\dfrac{x^3+1}{1+x^2}$

● 2.3　合成関数の微分

関数 f の値 $u = f(x)$ を関数 $y = g(u)$ に代入できるとき，独立変数 x に値 $g(f(x))$ を対応させる関数が定まる．この関数 $y = g(f(x))$ を $u = f(x)$ と $y = g(u)$ の**合成**といい，$y = (g \circ f)(x) = g(f(x))$ と表わす．

問 2.3.1　関数 f, g が次であたえられるとき，$(f \circ g)(x)$, $(g \circ f)(x)$ および $(g \circ g)(x)$ を x をつかって表わせ．

(1)　$f(x) = 1 + x,\quad g(x) = x^2$

(2)　$f(x) = x,\qquad g(x) = 1 + x^2$

(3)　　$f(x) = x^2,$　　　$g(x) = (1+x)^2$

(4)　　$f(x) = 1+x,$　$g(x) = 2x$

合成関数の微分　f, g ともに微分可能，$b = f(a)$ とする．微分係数の定義 (17 page)

$$\lim_{u \to b} \frac{g(u) - g(b)}{u - b} = g'(b)$$

から

$$\lim_{u \to b} \left(\frac{g(u) - g(b)}{u - b} - g'(b) \right) = 0 \tag{2.1}$$

がいえる．

$$r(u) = \frac{g(u) - g(b)}{u - b} - g'(b), \quad u \neq b, \quad r(b) = 0$$

とおくと (2.1) から $\lim_{u \to b} r(u) = 0 = r(b)$ が成りたち，$u = b$ の近くで $g(u)$ は

$$g(u) = g(b) + g'(b)(u - b) + r(u)(u - b) \tag{2.2}$$

と表わせる．合成関数 $y = g(f(x))$ に (2.2) をつかうと

$$g(f(x)) = g(b) + g'(b)(f(x) - f(a)) + r(f(x))(f(x) - b)$$

と表わせる．$b = f(a)$ を考慮すると

$$\begin{aligned}
(g \circ f)'(a) &= \lim_{x \to a} \frac{g(f(x)) - g(f(a))}{x - a} \\
&= \lim_{x \to a} \left(g'(f(a)) \frac{f(x) - f(a)}{x - a} + r(f(x)) \frac{f(x) - f(a)}{x - a} \right) \\
&= g'(f(a)) f'(a) + 0 \cdot f'(a) = g'(f(a)) f'(a)
\end{aligned}$$

をえる．ここで $x \to a$ のとき $f(x) \to f(a) = b$, $\lim_{x \to a} r(f(x)) = r(b) = 0$ となることをつかっている．

・合成関数の微分・

合成関数 $(g \circ f)(x)$ の $x = a$ での微分係数は

$$(g \circ f)'(a) = g'(f(a)) f'(a)$$

であたえられる．また次のようにも表わす．

$$(g \circ f)'(a) = (g(f(x)))'(a) = g'(u)\big|_{u = f(a)} f'(x)\big|_{x = a}$$

$g'(u)\big|_{u = f(a)}$ は $g(u)$ を変数 u で微分した $g'(u)$ に $u = f(a)$ を代入すること，$f'(x)\big|_{x = a}$ は $f(x)$ の導関数 $f'(x)$ に $x = a$ を代入することを表わす．

$y = g(u)$ に $u = f(x)$ を合成した $y = g(f(x))$ の導関数は

$$\frac{dy}{dx} = \frac{d}{dx} g(f(x)) = g'(f(x)) f'(x)$$

になる．

$$\frac{dy}{du} = g'(u), \quad \frac{du}{dx} = f'(x)$$

だから形式的に

$$\frac{dy}{dx} = \frac{dy}{du} \cdot \frac{du}{dx}$$

と計算できる手順を示している．

例題 2.3.1 次の関数を微分せよ．
(1) $(2x+1)^4$ (2) $\dfrac{1}{(1+x+x^2)^3}$

解 (1) $g(u) = u^4$ と $f(x) = 2x+1$ の合成．
$g'(u) = 4u^3$, $f'(x) = 2$ だから

$$\left((2x+1)^4\right)' = 4(2x+1)^3 \cdot 2 = 8(2x+1)^3$$

(2) $g(u) = u^{-3}$ と $f(x) = 1+x+x^2$ の合成．
$g'(u) = -3u^{-4}$, $f'(x) = 1+2x$ だから

$$\left((1+x+x^2)^{-3}\right)' = (-3)(1+x+x^2)^{-4} \cdot (1+2x)$$
$$= -3 \frac{1+2x}{(1+x+x^2)^4}$$

問 2.3.2 次の関数を微分せよ．
(1) $(1+x)^3 (x^2+4x)^2$ (2) $(x^3-3)^4$ (3) $x^6 (1+3x)^3$
(4) $(2x+1)^3$ (5) $\dfrac{1}{(1-x+x^2)^3}$ (6) $\dfrac{(1+2x)^3}{(1+x^2)^3}$
(7) $(ax+b)^n$ (8) $(ax^2+bx+c)^n$

● 2.4 逆関数の微分

単調関数 関数 $f(x)$ が条件

$$x_1 < x_2 \quad \text{ならば} \quad f(x_1) < f(x_2)$$

2.4 逆関数の微分

をみたすとき**単調増加**,条件

$$x_1 < x_2 \quad ならば \quad f(x_1) > f(x_2)$$

をみたすとき**単調減少**という.

単調増加関数,単調減少関数を合わせて**単調関数**という.

例 (1) $f(x) = 2x + 1$ は実数全体で単調増加.
(2) $f(x) = x^2$ は $x \geqq 0$ で単調増加,$x \leqq 0$ で単調減少.

問 2.4.1 上の例を確かめよ

逆関数 $f(x)$ は閉区間 $[a, b]$ 上で連続,単調増加とする.このとき区間 $[f(a), f(b)]$ 内の r に対して中間値の定理 (12 page) により $f(q) = r$ となる q が $[a, b]$ 内にあるが,$x_1 < q < x_2$ ならば $f(x_1) < f(q) < f(x_2)$ であるから $f(q) = r$ となる q はただひとつしかない.単調減少のときも区間 $[f(b), f(a)]$ で同じことがいえる.

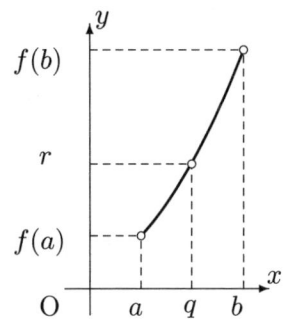

あたえられた y に $f(x) = y$ となる x がただひとつ決まるとき,y に x を対応させる規則を f^{-1}

$$f^{-1} : y \to x \quad あるいは \quad x = f^{-1}(y)$$

と表わし,関数 $y = f(x)$ の**逆関数**という.この定義により

$$b = f(a) \quad \Leftrightarrow \quad a = f^{-1}(b)$$

逆関数のグラフ 独立変数を x 軸上にとるとき逆関数 $y = f^{-1}(x)$ のグラフは次のように描ける.定義から $y = f^{-1}(x)$ ならば $x = f(y)$ とできるから,$y = f^{-1}(x)$ とはもとの関数 $y = f(x)$ で y と x を入れ替えて y について解いた形とみなせる.

右の図で点 (a, b) と点 (b, a) は直線 $y = x$ に関して対称になる.これからわかるように,x 座標と y 座標の入れ替えは,直線 $y = x$ に関する対称移動になる.上

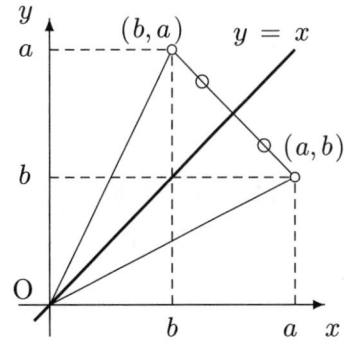

でみたように逆関数 $y = f^{-1}(x)$ のグラフは $(x, f^{-1}(x)) = (f(y), y)$ をみたす点の集まりだから,関数 $y = f(x)$ のグラフを直線 $y = x$ に関して対称移動すれば逆関数のグラフに

なる．

注意! この逆関数の構成の仕方から，連続単調増加関数が逆関数をもてば逆関数も連続単調増加，連続単調減少のときも同様になる．　□

先の例にもどると，(1) $f(x) = 2x+1$ の逆関数は $f^{-1}(x) = \dfrac{x-1}{2}$，(2) $y = x^2$ を $x \geqq 0$ に制限したときの逆関数は，y と x を入れ替えて $y^2 = x$ とし，$y \geqq 0$ に注意して解いて $y = \sqrt{x}\ (x \geqq 0)$ とすればよい．

グラフは次のようになる．

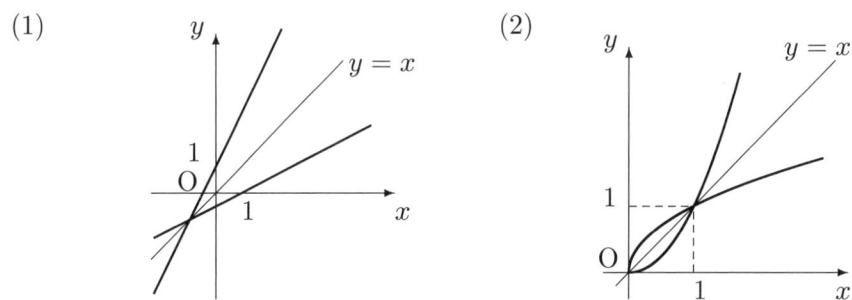

・無理関数・

x の多項式の平方根をつかって表わされた関数を**無理関数**という．

$$a\sqrt{bx+c}, \quad \sqrt{ax^2+bx+c}, \quad \text{etc.}$$

注意! 根号内の値が0以上になる x 全体が，無理関数の定義される最大の範囲となる．$a\sqrt{bx+c}$ は2次関数を増加または減少する範囲のどちらかに制限したときの逆関数になる．　□

問 2.4.2 次の無理関数の定義できる x の範囲をいえ．
(1) $y = \sqrt{x+1}$ 　　(2) $y = \sqrt{2x-1}$
(3) $y = \sqrt{1-x}$ 　　(4) $y = -\sqrt{1-2x}$

例題 2.4.1 次の無理関数のグラフを描け．
(1) $y = \sqrt{x+1}$ 　　(2) $y = \sqrt{-x+2}$

解 (1) $y = \sqrt{x-(-1)}$ であるから $y = \sqrt{x}$ のグラフを x 軸方向に -1 だけ平行移動する．

別解 両辺を2乗して x について解くと $x = y^2 - 1$. x と y を入れ替えて $y = x^2 - 1$, $x \geqq 0$ の逆関数であることがわかる. $y = x^2 - 1$, $x \geqq 0$ のグラフを直線 $y = x$ に関して対称移動してグラフをえる.

(2) $y = \sqrt{-x}$ は $x \leqq 0$ で定義される. そのグラフは $y = \sqrt{x}$, $x \geqq 0$ のグラフを y 軸に関して対称移動してえられる. $y = \sqrt{-(x-2)}$ は $x \leqq 2$ で定義され $y = \sqrt{-x}$ のグラフを x 軸方向に2だけ平行移動してそのグラフはえられる.

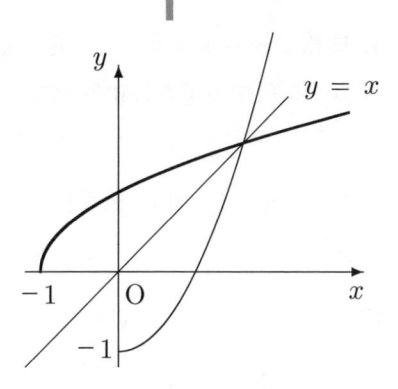

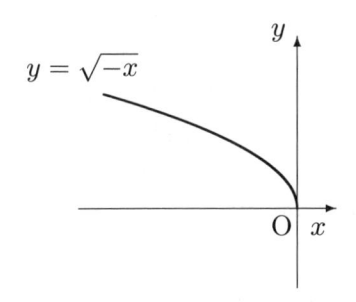

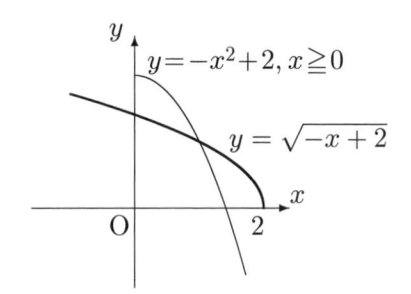

問 2.4.3 次の関数のグラフを下から選べ.

(1) $y = \sqrt{x}$ 　　(2) $y = \sqrt{2x}$

(3) $y = -\sqrt{x}$ 　　(4) $y = \sqrt{-\dfrac{1}{2}x}$

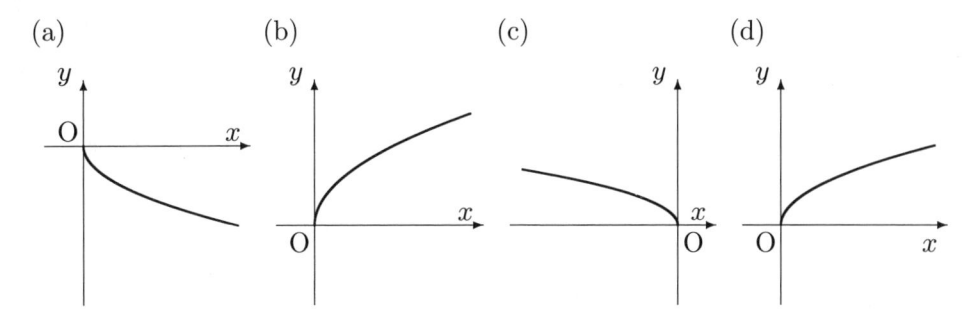

(a) 　　(b) 　　(c) 　　(d)

問 2.4.4 次の関数のグラフを描け.

(1) $y = -\sqrt{-x}$ 　　(2) $y = \sqrt{2x - 4}$

(3) $y = -\sqrt{x+1}$ 　　(4) $y = \dfrac{1}{2}\sqrt{x-1}$

問 2.4.5 問 2.4.4 の関数の逆関数を求めよ.

n 乗根 $n = 1, 2, 3, \ldots$ を正の整数とする. x^n は $x \geqq 0$ で単調に増加し限りなく大きくなる. したがって $b \geqq 0$ をあたえると $a^n = b$ となる $a \geqq 0$ がただひとつだけみつかる. この a を $a = \sqrt[n]{b}$ と表わして b の **n 乗根** とよぶ.

例題 2.4.2 次の値を求めよ.

  (1) $\sqrt[3]{8}$ (2) $\sqrt[3]{0.125}$ (3) $\sqrt[4]{81}$

解 (1) $2^3 = 8$ より $\sqrt[3]{8} = 2$

  (2) $\sqrt[3]{0.125} = \sqrt[3]{\dfrac{1}{8}} = \dfrac{1}{2}$

  (3) $81 = 9^2 = 3^4$ より $\sqrt[4]{81} = 3$ □

問 2.4.6 次の値を求めよ.

  (1) $\sqrt[3]{27}$ (2) $\sqrt[3]{64}$ (3) $\sqrt[3]{343}$ (4) $\sqrt[3]{729}$
  (5) $\sqrt[4]{625}$ (6) $\sqrt[4]{0.0001}$ (7) $\sqrt[5]{32}$ (8) $\sqrt[5]{243}$

$n = 1, 2, 3, \ldots$ を正の整数とする.

x^n を $x \geqq 0$ に制限した関数の逆関数は, $y^n = x$ の n 乗根

$$f^{-1}(x) = \sqrt[n]{x}$$

であたえられる. この逆関数は次章で述べる指数法則により,

$$\sqrt[n]{x} = x^{\frac{1}{n}}$$

とも表わせる.

問 2.4.7 次の関数が指定の範囲で定義されるときその逆関数と定義される範囲を求めよ.

  (1) $y = 2x^4,\ x \geqq 0$ (2) $y = (2x+1)^2,\ x \geqq 0$
  (3) $y = -\sqrt{x},\ x \geqq 0$ (4) $y = \sqrt[3]{x+1},\ x \geqq -1$

逆関数の微分 $y = f(x)$ が逆関数 $x = f^{-1}(y)$ をもち $x = a$ で微分可能, $f'(a) \neq 0$ とする. $b = f(a)$, $h \neq 0$ を小さくとり $k = f(a+h) - f(a)$ とおくと $f(a+h) = f(a) + k = b + k$ だから $a = f^{-1}(b)$, $a + h = f^{-1}(b+k)$, 逆関数の平均変化率は

$$\frac{f^{-1}(b+k) - f^{-1}(b)}{k} = \frac{(a+h) - a}{f(a+h) - f(a)}$$

$$= \frac{h}{f(a+h) - f(a)} = \frac{1}{\dfrac{f(a+h) - f(a)}{h}}$$

と表わせる.

$k = f(a+h) - f(a)$ かつ $h = f^{-1}(b+k) - f^{-1}(b)$ だから $h \to 0$ のとき $k \to 0$, またその逆の $k \to 0$ のとき $h \to 0$ もいえるので

$$\lim_{k \to 0} \frac{f^{-1}(b+k) - f^{-1}(b)}{k} = \lim_{h \to 0} \frac{1}{\frac{f(a+h) - f(a)}{h}}$$

となる. $f'(a)$ の定義から右辺は極限値 $\dfrac{1}{f'(a)}$ をもつ. したがって左辺の極限も存在し, $f^{-1}(y)$ は $y = b$ で微分可能, 微分係数は

$$\left(f^{-1}\right)'(b) = \frac{1}{f'(a)} \quad (\text{ただし } b = f(a))$$

であたえられる.

問 2.4.8 (1) $f(x) = ax + b$, $a \neq 0$ で上を確かめよ.
(2) $f(x) = \sqrt{x}$, $x \geqq 0$ で上を確かめよ.

・逆関数の導関数・

$y = f(x)$ が逆関数 $x = f^{-1}(y)$ をもち微分可能, $f'(x) \neq 0$ とする.
このとき $x = f^{-1}(y)$ も微分可能で

$$\left(f^{-1}\right)'(y) = \frac{1}{f'(x)} \quad (\text{ただし } x = f^{-1}(y))$$

が成りたつ.

また次のようにも表わせる.

$$\frac{dx}{dy} = \frac{d}{dy} f^{-1}(y) = \frac{1}{f'(x)} = \frac{1}{\frac{dy}{dx}}$$

変数 x と y を入れ替えると

$$\frac{d}{dx} f^{-1}(x) = \left(f^{-1}\right)'(x) = \frac{1}{f'(y)} \quad (\text{ただし } y = f^{-1}(x))$$

となる.

例題 2.4.3 $x>0$ とする．$\sqrt[n]{x}$, $n=2,3,\ldots$ を微分せよ．

解 $y=\sqrt[n]{x}$ のとき $x=y^n$ だから
$$\frac{d}{dx}\sqrt[n]{x}=\frac{1}{(y^n)'}=\frac{1}{ny^{n-1}}=\frac{1}{n\left(x^{\frac{1}{n}}\right)^{n-1}}=\frac{1}{n}x^{\frac{1}{n}-1}$$

をえる．ここで指数法則 (33 page) をつかった． □

問 2.4.9 次の関数をふたつの関数の合成で表わすときそれぞれの関数をいえ．
(1) $\sqrt{2+x}$ (2) $\sqrt{1+2x}$ (3) $\sqrt{1+x+x^2}$
(4) $\sqrt[3]{1+2x}$ (5) $\sqrt[3]{1-x+x^2}$ (6) $\sqrt[4]{(1+2x)^3}$

問 2.4.10 問 2.4.9 の関数を微分せよ．

問題

1. 次の関数の導関数を求めよ (a,b,c は定数)．
   (1) x^3-4x^2+3x-4 (2) ax^4+bx^2+cx
   (3) $x^2(ax^2-bx+c)$ (4) $\sqrt{2x+1}$
   (5) $\dfrac{1}{\sqrt{3x-2}}$ (6) $\dfrac{1}{x^2-x-1}$
   (7) $\dfrac{1-x}{x+1}$ (8) $\dfrac{x-1}{x^2-2x-5}$
   (9) $\sqrt{\dfrac{1+x}{x-1}}$ (10) $\sqrt[3]{x^3+3x}$
   (11) $\sqrt[3]{2x^2+1}$ (12) $\dfrac{1}{\sqrt[4]{x^2+1}}$

2. 次のグラフ $y=f(x)$ の括弧内の値を x 座標とする点における接線の方程式を求めよ．
   (1) $f(x)=x^3-3x$ $(x=2)$ (2) $f(x)=\dfrac{1}{2x-1}$ $(x=1)$
   (3) $f(x)=\sqrt{4-x^2}$ $(x=1)$ (4) $f(x)=\dfrac{x}{1+x^2}$ $(x=-1)$
   (5) $f(x)=\dfrac{x}{1+x^2}$ $(x=2)$ (6) $f(x)=\sqrt[3]{x^2+1}$ $(x=0)$

3. 積の微分を 3 関数の積 $f(x)g(x)h(x)$ の場合に拡張せよ．

4. 関数 $F(x), f(x)$ の間に $\dfrac{d}{dx}F(x)=f(x)$ が成りたつとき，
$$\frac{d}{dx}F(ax+b)=af(ax+b)$$

となることを示せ.

5. 次の関数の導関数を $f(\cdot),\ f'(\cdot)$ で表わせ.

(1) $f(ax+b)$ (2) $f(x^2)$ (3) $(f(x))^2$

(4) $f\left(x^2+2x+1\right)$ (5) $f\left((1-x)^2\right)$ (6) $\left(f\left(x^2\right)\right)^2$

(7) $\dfrac{1}{1+(f(x))^2}$ (8) $\dfrac{f(x)}{1+(f(x))^2}$

6. (*) 実数 x 全体で $f'(x)=f(x)$ が成りたつとき,次の関数の導関数を $f(\cdot)$ で表わせ.

(1) $f(1+x)$ (2) $f(2x)$ (3) $(f(x))^2$

(4) $f\left(x^2\right)$ (5) $f\left(\dfrac{1}{1+x^2}\right)$ (6) $\dfrac{1}{1+(f(x))^2}$

7. (*) $x\ne 0$ で $f'(x)=\dfrac{1}{x}$ となるとき,次の関数の導関数を求めよ.

(1) $f(1+2x)$ (2) $f\left(x^2\right)$

(3) $f\left(1+x+x^2\right)$ (4) $f\left(\dfrac{1}{1+x^2}\right)$

第3章 指数関数・対数関数

● 3.1 指数法則

累乗・べき乗 実数 a の n 個の積 $\underbrace{a \times a \times \cdots \times a}_{n}$ を a^n と表わし，a の累乗（n 乗）という．

・累乗の計算・

$$\text{I.} \quad a^m a^n = \underbrace{(a \times \cdots \times a)}_{m} \times \underbrace{(a \times \cdots \times a)}_{n} = a^{m+n}$$

$$\text{II.} \quad (a^m)^n = \underbrace{(a^m \times \cdots \times a^m)}_{n}$$

$$= \underbrace{\underbrace{(a \times \cdots \times a)}_{m} \times \cdots \times \underbrace{(a \times \cdots \times a)}_{m}}_{n} = a^{mn}$$

$$\text{III.} \quad (ab)^n = \underbrace{(ab \times \cdots \times ab)}_{n}$$

$$= \underbrace{(a \times \cdots \times a)}_{n} \times \underbrace{(b \times \cdots \times b)}_{n} = a^n b^n$$

$n=0$ でも I. $a^m \times a^0 = a^{m+0} = a^m$ が成りたつように

$$a^0 = 1$$

と定める．さらに $1 = a^0 = a^{m+(-m)}$ であるから負の整数でも I. が成りたつように

$$a^{-m} = \frac{1}{a^m}, \quad m = 1, 2, 3, \ldots$$

と定める．こうすると

$$\left(a^{-m}\right)^n = \left(\frac{1}{a^m}\right)^n = \frac{1}{a^{mn}} = a^{-mn}$$
$$(ab)^{-n} = \frac{1}{(ab)^n} = \frac{1}{a^n b^n} = a^{-n}b^{-n}$$

などがわかり，指数が整数全体に拡張できて**指数法則**とよばれる次の式が成りたつ.

> (1) $a^m a^n = a^{m+n}$ (2) $\dfrac{a^m}{a^n} = a^{m-n}$
>
> (3) $(a^m)^n = a^{mn}$ (4) $(ab)^n = a^n b^n$

指数の拡張 $a > 0, a \neq 1$ とする．整数だけでなくすべての実数について指数法則が成りたつように a^x の x の範囲を拡げる．まず x が分子 1 の分数 $m = \dfrac{1}{n}$ $(n = 2, 3, \ldots)$ のとき

$$a^{\frac{1}{2}}, a^{\frac{1}{3}}, \ldots, a^{\frac{1}{n}}, \ldots$$

がどのような数であるべきかみてみよう.

(3) が $m = \dfrac{1}{n}$ でも成りたつとして

$$\left(a^{\frac{1}{n}}\right)^n = a^{\frac{1}{n} \cdot n} = a^1 = a$$

となる．したがって，$a^{\frac{1}{n}}$ は 28 ページでみたように n 乗すると a になる正の数，a の **n 乗根**を表わしている.

次に，m, n を正の整数とする.

$$\frac{m}{n} = \frac{1}{n} \cdot m = m \cdot \frac{1}{n}$$

よって，法則 (3) により

$$a^{\frac{m}{n}} = \left(a^{\frac{1}{n}}\right)^m = \left(\sqrt[n]{a}\right)^m \quad \text{および} \quad a^{\frac{m}{n}} = (a^m)^{\frac{1}{n}} = \sqrt[n]{a^m}$$

とできる．2 通りに表わされてはいるが実は等しい.

問 3.1.1 上の事実を確かめよ．（2 数を n 乗してみる．）

問 3.1.2 正の整数 m, n, p, q が $\dfrac{m}{n} = \dfrac{p}{q}$ をみたすとき

$$a^{\frac{m}{n}} = a^{\frac{p}{q}}$$

であることを示せ．（2 数を nq 乗してみる．）

$a^{\frac{m}{n}} a^{-\frac{m}{n}} = a^{\frac{m}{n}-\frac{m}{n}} = a^0 = 1$ だから $a^{-\frac{m}{n}} = \dfrac{1}{a^{\frac{m}{n}}}$ として負の場合も定まる.

以上をまとめると，有理数にまで指数が拡張できて指数法則も成りたつ.

> (1) $a^{\alpha} a^{\beta} = a^{\alpha+\beta}$ (2) $\dfrac{a^{\alpha}}{a^{\beta}} = a^{\alpha-\beta}$
> (3) $(a^{\alpha})^{\beta} = a^{\alpha\beta}$ (4) $(ab)^{\alpha} = a^{\alpha} b^{\alpha}$
>
> ここで $a > 0, b > 0$.

問 3.1.3 次の値を求めよ.
(1) $125^{\frac{1}{3}}$ (2) $0.125^{\frac{1}{3}}$ (3) $\left(\dfrac{1}{25}\right)^{-0.5}$ (4) $0.01^{1.5}$

問 3.1.4 次の式を計算して a^{α} の形で表わせ.
(1) $a^{1.5} \times a^{\frac{1}{3}} \div a^{\frac{1}{6}}$ (2) $\left(a^{\frac{1}{3}}\right)^2 \times \left(a^3\right)^{\frac{1}{2}}$
(3) $\sqrt{a} \sqrt[6]{a} \sqrt[3]{a}$ (4) $\sqrt[3]{a\sqrt{a}}$
(5) $\left(\sqrt[3]{a} \times \sqrt[6]{a}\right)^2 \div \sqrt{a^3}$ (6) $\left(\sqrt[3]{a^2} \times \dfrac{1}{\sqrt{a}}\right)^6$
(7) $\left(\sqrt[4]{a^3} \div \sqrt{a^3}\right)^{-2} \times \sqrt[3]{a^2}$ (8) $\left(\sqrt[5]{\sqrt{a}} \times \dfrac{1}{a\sqrt{a}}\right)^{10}$

● 3.2 指数関数

$a \neq 1$ である正の実数 a を固定，実数全体を動く変数 x に，値

$$a^x, \quad -\infty < x < \infty$$

を対応させる関数を **a を底** (base) とする**指数関数**という. x は実数全体を変化するが，前節までの結果では x が

$$\text{有理数} \ \dfrac{m}{n}, \quad m \text{ は整数}, \ n \text{ は自然数}$$

まで定められたのみで，x が無理数のとき a^x をどのように定めるのかまだわかっていない. そこで次の手続きにより，無理数 x に対して値 a^x を定めることにする.

I) 単調に増加する有理数の列 $\{r_n\}_{n=1,2,3,\ldots}$ で x に収束するものをとる.

$$r_1 < r_2 < \cdots < r_n < \cdots \to x$$

II) このとき数列 $a^{r_n}, n = 1, 2, 3, \ldots$ は上に有界な単調増加列になるので極限値を a^x と定める.
$$\lim_{n \to \infty} a^{r_n} = a^x$$

こうして無理数での値を補うことで，指数関数 a^x は実数全体で定義された連続関数となり，指数法則も実数全体で成りたつ.

・指数法則・

(1) $a^x a^y = a^{x+y}$ (2) $\dfrac{a^x}{a^y} = a^{x-y}$

(3) $(a^x)^y = a^{xy}$ (4) $(ab)^x = a^x b^x$

ここで $a > 0, b > 0, x, y$ は任意の実数.
$$a^1 = a, \quad a^0 = 1$$

・単調性・

$0 < a < 1$ のとき単調減少: $x_1 < x_2$ なら $a^{x_1} > a^{x_2}$
$$\lim_{x \to +\infty} a^x = \lim_{n \to +\infty} a^n = 0$$
$$\lim_{x \to -\infty} a^x = \lim_{n \to \infty} a^{-n} = \infty$$

$a > 1$ のとき単調増加: $x_1 < x_2$ なら $a^{x_1} < a^{x_2}$
$$\lim_{x \to +\infty} a^x = \lim_{n \to +\infty} a^n = \infty$$
$$\lim_{x \to -\infty} a^x = \lim_{n \to \infty} a^{-n} = 0$$

$y = a^x$ のグラフは次のようになる.

$a > 1$ のとき $0 < a < 1$ のとき

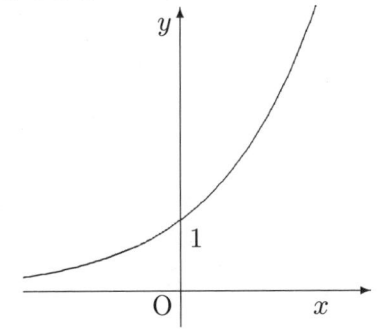

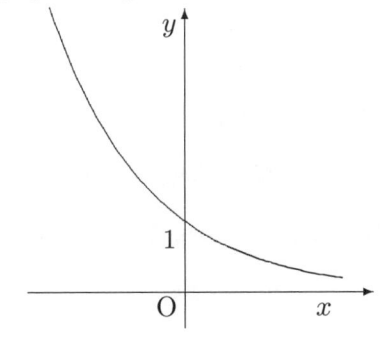

問 3.2.1 次の関数のグラフを下から選べ．

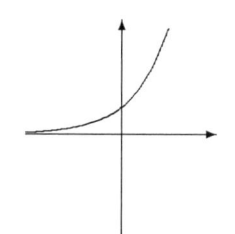

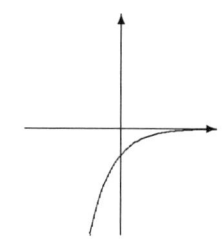

(1) $y = 3^{-x}$
(2) $y = 2^x$
(3) $y = -0.5^{-x}$
(4) $y = -3^{-x}$
(5) $y = 2^{-x} - 2$
(6) $y = 1.5^x - 2$

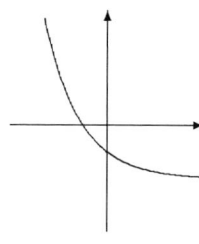

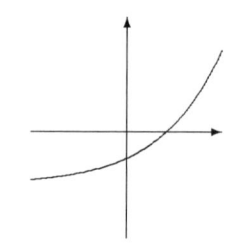

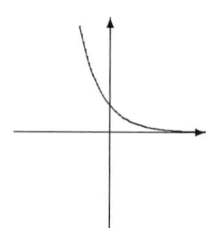

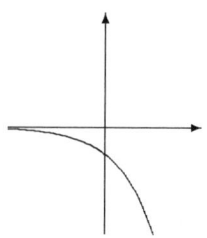

a)   b)   c)

d)   e)   f)

● 3.3 対数関数

$a > 0, a \neq 1$ とする．前節でみたように，正の数 R をあたえると $R = a^r$ となる実数 r がただひとつ定まる．

この r を $\log_a R$ と表わし，**a を底** (base) とする**真数 R の対数**という．この定義から

$$y = a^x \iff x = \log_a y$$
$$b = \log_a B \iff a^b = B$$

が成りたち，互いに逆関数となる．指数法則から次の公式がえられる．

―**・対数の性質・**―

$A > 0, B > 0$ とする．

(1) $\log_a AB = \log_a A + \log_a B$

(2) $\log_a \dfrac{A}{B} = \log_a A - \log_a B$

(3) $\log_a A^r = r \log_a A$, $\quad r$ は任意の実数

(4) $\log_a a = 1$

(5) $\log_a 1 = 0$

例題 3.3.1 上の (1), (3) を示せ.

解 $A = a^p, B = a^q$ とすると $p = \log_a A, q = \log_a B$.
指数法則から $AB = a^p a^q = a^{p+q}$. 対数の定義により

$$\log_a AB = p + q = \log_a A + \log_a B$$

同じく指数法則から $A^r = (a^p)^r = a^{pr}$ なので

$$\log_a A^r = pr = r \log_a A \quad \square$$

(4), (5) も $a^1 = a, a^0 = 1$ から対数の定義によりしたがう.

問 3.3.1 対数の性質 (2) を示せ.

問 3.3.2 次の等式を示せ.

(1) $\log_a \dfrac{1}{A} = -\log_a A$ 　　(2) $\log_a \sqrt[n]{A} = \dfrac{1}{n} \log_a A$ 　　(3) $\log_a a^r = r$

底の変換 $b = a^s, s \neq 0$ とする.

$$p = \log_b A \quad \text{のとき} \quad A = b^p = (a^s)^p = a^{sp}$$

また $s = \log_a b$ だから

$$sp = \log_a A, \quad p = \frac{\log_a A}{s}$$

となり, 次の公式をえる.

・底の変換公式・

$$\log_b A = \frac{\log_a A}{\log_a b}$$

例題 3.3.2 次の値を求めよ.

(1) $\log_4 32$ 　　　　(2) $\log_{27} 9$

解 (1) $\log_4 32 = \dfrac{\log_2 2^5}{\log_2 2^2} = \dfrac{5}{2}$ 　　(2) $\log_{27} 9 = \dfrac{\log_3 3^2}{\log_3 3^3} = \dfrac{2}{3}$ 　 $\square$

対数関数のグラフ 指数関数と対数関数はそれぞれ互いの逆関数であるから，$y = a^x$ と $y = \log_a x$ のグラフは直線 $y = x$ について対称になる．

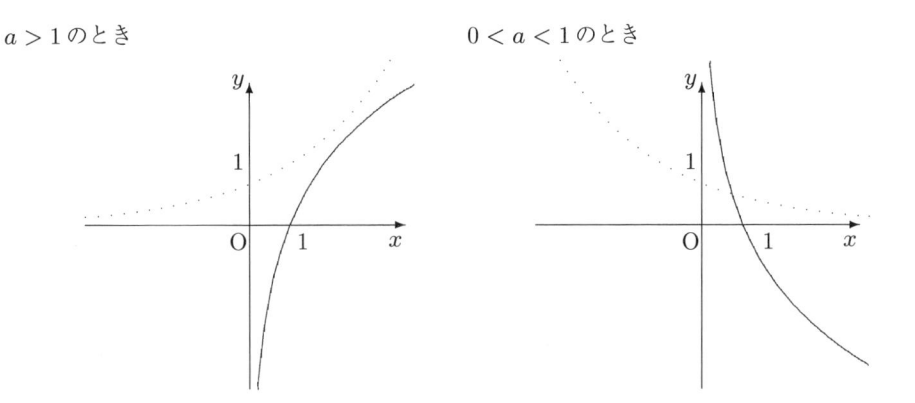

$a > 1$ のとき　　　　　　　　　　　$0 < a < 1$ のとき

問 3.3.3 問 3.2.1(1)〜(6) に現れる関数の逆関数と，それの定義される範囲を求めて，グラフを描け．

●3.4　指数関数の微分

第1章 11 page であたえた実数 e を底とする指数関数 e^x を考える．e は数列の極限値として定義されたが，実数を連続的に無限大または負の無限大に近づけるときの極限としてもとらえられる．

$$e = \lim_{x \to \pm\infty} \left(1 + \frac{1}{x}\right)^x = 2.71828\ldots$$

証明　正の実数 $x > 1$ に対して $n \leqq x < n+1$ となる自然数 n をとる．逆数を考えると

$$\frac{1}{n+1} < \frac{1}{x} \leqq \frac{1}{n} \quad \text{そして} \quad 1 + \frac{1}{n+1} < 1 + \frac{1}{x} \leqq 1 + \frac{1}{n}$$

をえる．この3つの実数は1より大であるから

$$\left(1 + \frac{1}{n+1}\right)^n < \left(1 + \frac{1}{x}\right)^x \leqq \left(1 + \frac{1}{n}\right)^{n+1}$$

$x \to +\infty$ のとき $n \to +\infty$ だから

$$\lim_{n \to +\infty} \left(1 + \frac{1}{n+1}\right)^n \leqq \lim_{x \to +\infty} \left(1 + \frac{1}{x}\right)^x \leqq \lim_{n \to +\infty} \left(1 + \frac{1}{n}\right)^{n+1}$$

であるが，両端について

$$\lim_{n\to\infty}\left(1+\frac{1}{n+1}\right)^n = \lim_{n\to\infty}\left(1+\frac{1}{n+1}\right)^{n+1}\left(1+\frac{1}{n+1}\right)^{-1}$$
$$= e \cdot 1 = e$$

$$\lim_{n\to\infty}\left(1+\frac{1}{n}\right)^{n+1} = \lim_{n\to\infty}\left(1+\frac{1}{n}\right)^n\left(1+\frac{1}{n}\right)$$
$$= e \cdot 1 = e$$

となるので間にはさまれた式についても

$$\lim_{x\to+\infty}\left(1+\frac{1}{x}\right)^x = e$$

でなければならない．

次に $x \to -\infty$ のとき，$\left(1+\frac{1}{x}\right)^x$ を $x' = -x$ で書き直す．

$$\left(1+\frac{1}{x}\right)^x = \left(\frac{-x'+1}{-x'}\right)^{-x'} = \left(\frac{x'-1}{x'}\right)^{-x'}$$
$$= \left(\frac{x'}{x'-1}\right)^{x'} = \left(\frac{x'-1+1}{x'-1}\right)^{x'} = \left(1+\frac{1}{x'-1}\right)^{x'}$$

$x \to -\infty$ のとき $x' \to +\infty$ であるから

$$\lim_{x\to-\infty}\left(1+\frac{1}{x}\right)^x = \lim_{x'\to+\infty}\left(1+\frac{1}{x'-1}\right)^{x'-1}\left(1+\frac{1}{x'-1}\right)$$
$$= e \cdot 1 = e$$

がいえる．　□

$$\lim_{h\to 0}\frac{e^h-1}{h} = 1$$

証明　$e^h = 1+k$ とおくとき $h = \log_e(1+k)$ だから

$$\frac{e^h-1}{h} = \frac{k}{\log_e(1+k)} = \frac{1}{\frac{1}{k}\log_e(1+k)} = \frac{1}{\log_e(1+k)^{\frac{1}{k}}}$$

$h \to 0$ のとき $k = e^h - 1 \to 0$ より

$$\frac{1}{k} \to +\infty \quad \text{または} \quad \frac{1}{k} \to -\infty$$

$t = \dfrac{1}{k}$ として

$$\lim_{h \to 0} \frac{e^h - 1}{h} = \lim_{t \to \pm\infty} \frac{1}{\log_e \left(1 + \dfrac{1}{t}\right)^t} = \frac{1}{\log_e e} = 1$$

をえる． □

これから底が e の指数関数 e^x について次が成りたつ．

$$\lim_{h \to 0} \frac{e^{x+h} - e^x}{h} = \lim_{h \to 0} e^x \frac{e^h - 1}{h} = e^x \lim_{h \to 0} \frac{e^h - 1}{h} = e^x$$

─── ・e^x の導関数・ ───

$$(e^x)' = e^x$$

合成関数の微分公式により次をえる．

$f(x)$ が微分可能であるとき $\quad \left(e^{f(x)}\right)' = e^{f(x)} f'(x)$

例題 3.4.1 $a > 0$ のとき a^x の導関数を求めよ．

解 $a^x = \left(e^{\log_e a}\right)^x = e^{x \log_e a}$ だから，合成関数の微分により

$$(a^x)' = \left(e^{x \log_e a}\right)' = e^{x \log_e a} (x \log_e a)'$$
$$= e^{x \log_e a} \log_e a = \log_e a \cdot a^x \quad \square$$

問 3.4.1 次の関数を微分せよ．

(1) e^{x+1} (2) e^{-x} (3) e^{3x+2} (4) 2^x (5) e^{x^2}

● 3.5 対数関数の微分

底が e のとき対数 $\log_e x$, $x > 0$ を**自然対数**という．底を省略して $\log x$ と書くときは特に断らない限り自然対数とする．

対数の性質から

$$\frac{\log(x+h)-\log x}{h} = \frac{1}{h}\cdot\log\frac{x+h}{x} = \frac{1}{x}\cdot\frac{x}{h}\cdot\log\left(1+\frac{h}{x}\right)$$

$$= \frac{1}{x}\cdot\log\left(1+\frac{h}{x}\right)^{\frac{x}{h}}$$

$t = \dfrac{x}{h}$ とおくと $h \to 0$ のとき

$$t \to +\infty \quad \text{または} \quad t \to -\infty$$

となるから次をえる.

$$\lim_{h\to 0}\frac{\log(x+h)-\log x}{h} = \lim_{t\to\pm\infty}\frac{1}{x}\cdot\log\left(1+\frac{1}{t}\right)^{t}$$

$$= \frac{1}{x}\cdot\log e = \frac{1}{x}$$

─── ・自然対数の導関数・ ───

$$(\log x)' = \frac{1}{x}, \quad x > 0$$

問 3.5.1 次の関数の定義される範囲と導関数を求めよ.

(1) $\log(2-x)$ (2) $\log(2x+1)$ (3) $\log|2-x|$

例題 3.5.1 $a > 0, a \neq 1$ のとき,$\log_a x$ の導関数を求めよ.

解 底の変換公式から

$$\log_a x = \frac{\log x}{\log a}$$

$$(\log_a x)' = \left(\frac{\log x}{\log a}\right)' = \frac{1}{x\log a} \quad \square$$

合成関数の微分公式により次をえる.

─── $f(x) > 0$ が微分可能であるとき

$$(\log f(x))' = \frac{1}{f(x)}\cdot f'(x) = \frac{f'(x)}{f(x)}$$

問 3.5.2 次の関数を微分せよ．

(1) $\log(1+x^2)$ (2) $\log(1+e^x)$ (3) $\log\sqrt[3]{1+x^2}$

例題 3.5.2 $x \neq 0$ のとき $(\log|x|)'$ を求めよ．

解 $x > 0$ のとき $\log|x| = \log x$ なので

$$(\log|x|)' = (\log x)' = \frac{1}{x}$$

$x < 0$ のとき $\log|x| = \log(-x)$ なので，合成関数の微分から

$$(\log|x|)' = (\log(-x))' = \frac{1}{-x} \cdot (-x)' = \frac{1}{-x}(-1) = \frac{1}{x}$$

となる．したがって

$$(\log|x|)' = \frac{1}{x}, \quad x \neq 0 \quad \square$$

例題 3.5.2 と合成関数の微分から次もいえる．

$$f(x) \neq 0 \text{ のとき} \quad (\log|f(x)|)' = \frac{f'(x)}{f(x)}$$

問 3.5.3 上を示せ．

例題 3.5.3 実数 a を任意にあたえる．$x > 0$ に対して x^a を

$$x^a = \left(e^{\log x}\right)^a = e^{a\log x}$$

で定義する．このとき

$$(x^a)' = ax^{a-1}$$

となることを示せ．

解 $f(x) = e^{a\log_e x}$ とおいて両辺の対数をとると $\log f(x) = a\log x$．両辺を x で微分すると

$$\frac{f'(x)}{f(x)} = a \cdot \frac{1}{x}$$

となり，

$$f'(x) = a \cdot \frac{1}{x} f(x) = a \cdot \frac{1}{x} \cdot x^a = ax^{a-1}$$

をえる．$\square$

問題

1. $e^x - e^{-x} = 2a$ (a は実数) のとき, x を a で表わせ.

2. $\log_e \left(x - \sqrt{x^2-1}\right) = a$ (a は実数) のとき, x を a で表わせ.

3. $a > 0$ のとき, 次の極限値を求めよ.

    (1) $\displaystyle \lim_{x \to +\infty} \frac{a^x}{1+a^x}$ (2) $\displaystyle \lim_{x \to +\infty} (\log_a(x+1) - \log_a x)$

4. 次の関数の導関数を求めよ.

    (1) xe^{-x} (2) $(x+1)^2 e^{x+1}$

    (3) e^{-x^2} (4) $e^{\sqrt{x}}$

    (5) $\dfrac{x+1}{e^x}$ (6) $\dfrac{e^{2x}}{1+x^2}$

    (7) $\log\left(\log(1+x^2)\right)$ (8) $\log\left(1-x+x^2\right)$

    (9) $x \log|x|$ (10) $(\log x)^2$

    (11) 10^x (12) $\log_{10} x$

    (13) x^x (14) x^π

    (15) π^x (16) $e^{\sqrt{x^2+1}}$

    (17) $\log\left(x+\sqrt{x^2+1}\right)$ (18) $\dfrac{1}{\log(1+x^2)}$

    (19) $x^{\sqrt{2}}$ (20) $\left(1+x^2\right)^{\sqrt{3}}$

    (21) $\left(1+x^2\right)^{-x^2}$ (22) $x^{\log x}$

第4章 三角関数・逆三角関数

● 4.1 弧度法と一般角

弧度法 中心 C，半径 1 の円内に扇形 ACB をとる．弧 AB の長さ θ で中心角 $\angle$ACB の大きさとする角の測り方を**弧度法**といい，$\angle$ACB の大きさを θ ラジアンと表わす．同じ角が半径 r の円から切りとる弧 A′B′ の長さは $\ell = r\theta$ になる．1 回転 $360°$ を表わす角は 2π ラジアン，$\frac{1}{2}$ 回転 $180°$ は π ラジアンになる．通常はラジアンを省略して単に $2\pi, \pi, \frac{\pi}{3}$ などと表わす．実数の値のみで角度を表わすときは弧度法によるものとする．よく現れる値を表にしておく．

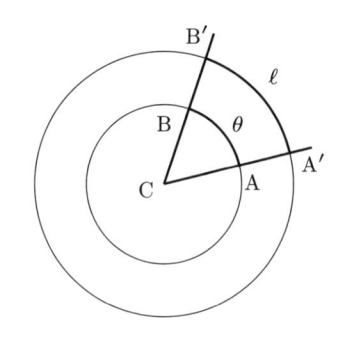

度	0°	30°	45°	60°	90°	120°	150°	180°	270°	360°
ラジアン	0	$\frac{\pi}{6}$	$\frac{\pi}{4}$	$\frac{\pi}{3}$	$\frac{\pi}{2}$	$\frac{2\pi}{3}$	$\frac{5\pi}{6}$	π	$\frac{3\pi}{2}$	2π

問 4.1.1 $15°, 135°, 330°$ を弧度法で表わせ．

問 4.1.2 半径 r，中心角 θ の扇形の面積は $\frac{1}{2}r^2\theta$ であることを示せ．

一般角　平面上で点 O を中心に回転する半直線 OP を動径，そのはじめの位置を示す半直線 OA を始線という．線分 OA の長さは 1，点 P は中心 O，半径 1 の円周上を動く．角度を点 O を中心とする回転量と考えると $360°, 180°, 450°$ はそれぞれ反時計回りの 1 回転，$\frac{1}{2}$ 回転，$\frac{5}{4}$ 回転を表わす．また負の角度は時計回りの回転を表わすものとする．こうして考えられた $360°$ をこえる角や負の角を含めて**一般角**という．あたえられた一般角 $A°$ だけ半直線 OP を回転させるときの点 P の動いた距離を r とする．反時計回りのときこの $A°$ に r を対応させ，時計回りのとき $-r$ を対応させると実数全体に弧度法が拡げられる．

度	$-360°$	$-180°$	$-120°$	$-90°$	$-30°$	$360°$	$540°$	$720°$
ラジアン	-2π	$-\pi$	$-\frac{2\pi}{3}$	$-\frac{\pi}{2}$	$-\frac{\pi}{6}$	2π	3π	4π

・一般角・

実数 θ に対して $\theta + 2\pi \times n$（n は整数）は，すべて何回転かしたのちの同じ動径の位置を示している．

● 4.2 　三角関数

サインとコサイン　xy 平面上に中心が原点 O，半径 1 の円をとる（**単位円**という）．x 軸の正の向きを始線とするとき，単位円上を動く点 P の位置は動径 OP の角 θ で決まる．そこで点 P の x 座標，y 座標を表わす関数を

$$x = \cos\theta, \quad y = \sin\theta$$

で定義する．角を表わす変数 θ は弧度法による．また直線 OP の傾き $\frac{y}{x}$ も θ で決まるので $\tan\theta$ と表わすことにする．

それぞれ順にコサイン (cosine)，サイン (sine)，タンジェント (tangent) とよぶ．定義から次の関係が成りたつ．

$$\tan\theta = \frac{\sin\theta}{\cos\theta}$$

問 4.2.1 ラジアンの表と下の図を参考にして次の値を求めよ．

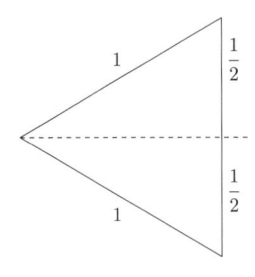

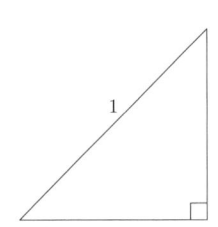

(1) $\cos\dfrac{\pi}{6}$ (2) $\cos\dfrac{\pi}{4}$ (3) $\sin\dfrac{\pi}{6}$

(4) $\cos\dfrac{\pi}{3}$ (5) $\tan\dfrac{\pi}{6}$ (6) $\tan\dfrac{\pi}{4}$

4.3 基本性質とグラフ

値の範囲 $P(\cos\theta, \sin\theta)$ は単位円上の点を表わすことから次が成りたつ．

$$\cos^2\theta + \sin^2\theta = 1$$
$$-1 \leqq \cos\theta \leqq 1, \quad -1 \leqq \sin\theta \leqq 1$$

問 4.3.1 $\cos\theta = \pm 1$, $\sin\theta = \pm 1$ となる θ を求めよ．

問 4.3.2 $0 \leqq \theta \leqq \pi$, $\cos\theta = -\dfrac{1}{3}$ のとき $\sin\theta$, $\tan\theta$ の値を求めよ．

角の間の関係 右の図より点 $(\cos\theta, \sin\theta)$ と点 $(\cos(-\theta), \sin(-\theta))$ は x 軸に関して対称の位置にある．これから次がわかる．

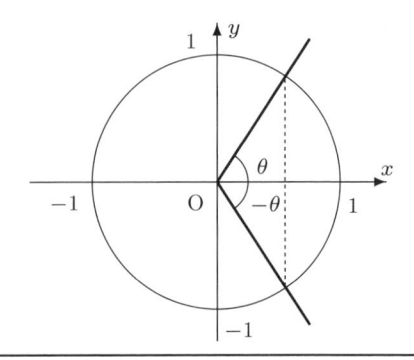

$$\cos(-\theta) = \cos\theta$$
$$\sin(-\theta) = -\sin\theta$$

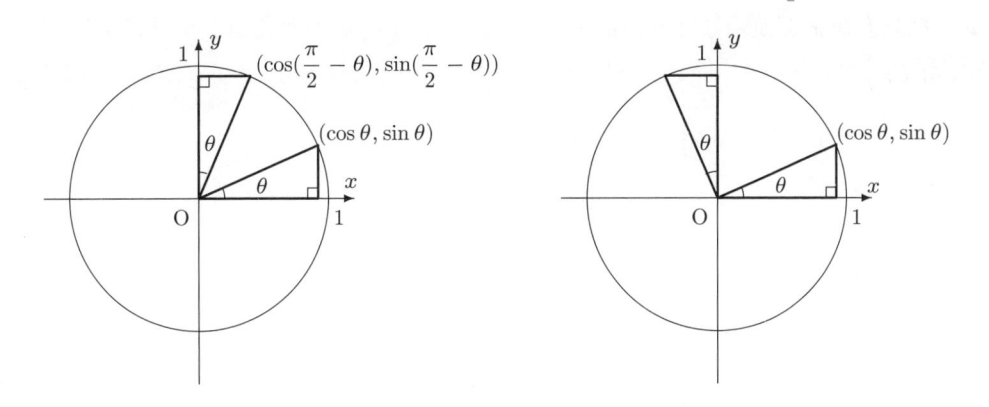

ふたつの図の単位円内にある直角三角形はすべて合同である．対応する辺の長さ，動径の表わす角，座標の正負を考えて次がわかる．

---**公式 I.**---

$$\cos\left(\frac{\pi}{2} - \theta\right) = \sin\theta, \quad \sin\left(\frac{\pi}{2} - \theta\right) = \cos\theta$$
$$\cos\left(\theta + \frac{\pi}{2}\right) = -\sin\theta, \quad \sin\left(\theta + \frac{\pi}{2}\right) = \cos\theta$$

上と同様に単位円内の合同である直角三角形を考えることで次がわかる．

---**公式 II.**---

$$\cos(\pi - \theta) = -\cos\theta, \quad \sin(\pi - \theta) = \sin\theta$$
$$\cos(\theta + \pi) = -\cos\theta, \quad \sin(\theta + \pi) = -\sin\theta$$

問 4.3.3 公式 II. を表わしている単位円内のふたつの直角三角形を図示せよ．

一般角で注意したように，実数 θ と $\theta + 2\pi \times n$（n は整数）はすべて同じ動径の位置を示している．これから次がわかる．

$$\cos\theta = \cos(\theta + 2\pi \times n)$$
$$\sin\theta = \sin(\theta + 2\pi \times n), \quad n \text{ は整数}$$

問 4.3.4 $\tan(\theta + \pi)$, $\tan(\theta - \pi)$, $\tan\left(\theta + \frac{\pi}{2}\right)$, $\tan\left(\theta - \frac{\pi}{2}\right)$ を $\tan\theta$ で表わせ．

第4章 三角関数・逆三角関数

グラフ 独立変数 x を横軸にとり，$y = \cos x, y = \sin x$ の値の変化をグラフにすると次のようになる．

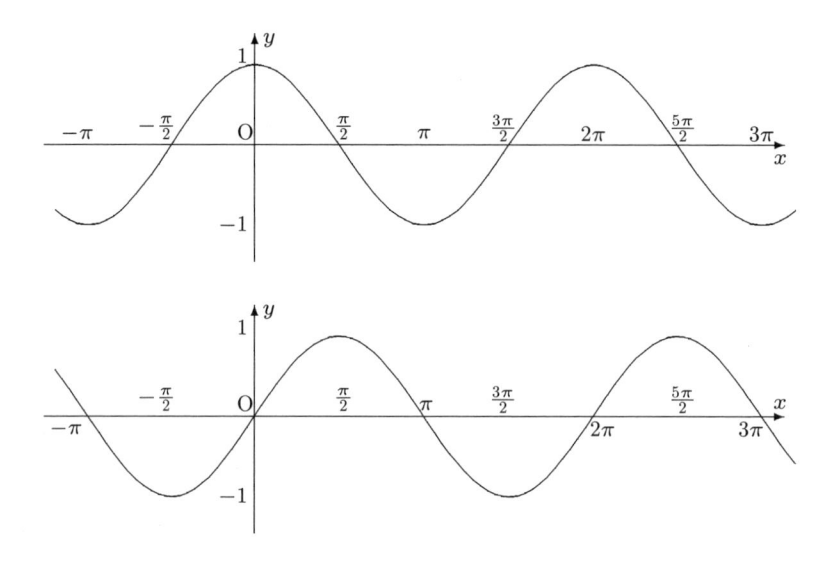

すでにみたように $\sin x, \cos x$ はともに 2π ごとに同じ値を繰り返す．これを次のように表現する．

$$\sin x, \cos x \text{ は周期 } 2\pi \text{ の周期関数}$$

---**・周期関数・**---

ある数 $p > 0$ があって $f(x+p) = f(x)$ が成りたつとき，$f(x)$ は周期 p の周期関数という．

問 4.3.5 次の関数の周期を求め，グラフを描け．

(1) $y = 2\sin x$ (2) $y = \sin\left(x + \dfrac{\pi}{6}\right)$ (3) $y = \sin\dfrac{x}{2}$

(4) $y = \sin 2x$ (5) $y = -\sin x + 1$ (6) $y = |\sin x|$

$\tan x$ について次が成りたつ．

---**・公式 III.・**---

$$\tan(x + \pi) = \tan x$$
$$\tan(-x) = -\tan x$$

問 4.3.6 公式 III. を示せ.

$\cos x \neq 0$ である区間 $n\pi - \dfrac{\pi}{2} < x < n\pi + \dfrac{\pi}{2}$ (n は整数) で $\tan x$ は $-\infty$ から ∞ まで単調に増加する.

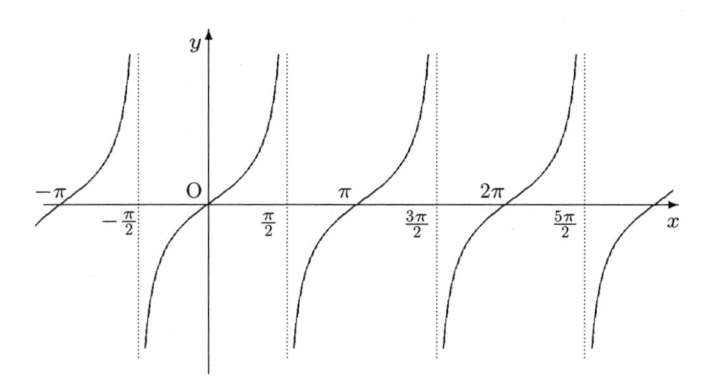

問 4.3.7 関係式 $1 + \tan^2 x = \dfrac{1}{\cos^2 x}$ を示せ.

● 4.4 　合成と加法定理

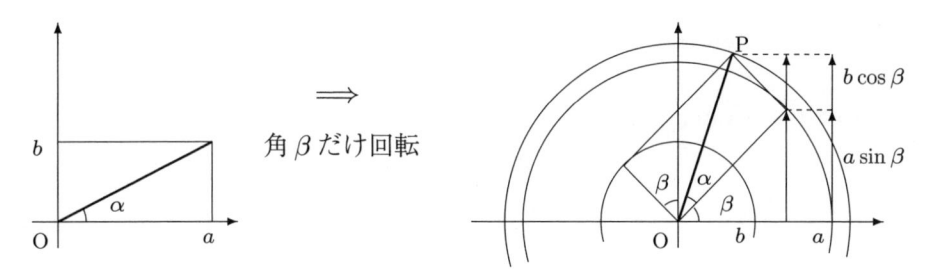

左図の長方形を角 β だけ回転させる. 対角線の長さが $\sqrt{a^2+b^2}$ だから, 右図の頂点 P の座標は $\left(\sqrt{a^2+b^2}\cos(\alpha+\beta), \sqrt{a^2+b^2}\sin(\alpha+\beta)\right)$ となる. y 座標に注目して次がわかる.

・三角関数の合成・

$$a\sin\beta + b\cos\beta = \sqrt{a^2+b^2}\sin(\alpha+\beta)$$

ここで α は

$$\sin\alpha = \frac{b}{\sqrt{a^2+b^2}}, \quad \cos\alpha = \frac{a}{\sqrt{a^2+b^2}}$$

となる角とする.

問 4.4.1 前ページの図の点 P の x 座標から次を示せ.

$$a\cos\beta - b\sin\beta = \sqrt{a^2+b^2}\cos(\alpha+\beta)$$

上の 2 式の両辺を $\sqrt{a^2+b^2}$ で割ると次をえる.

・加法定理・

$$\sin(\alpha+\beta) = \sin\alpha\cos\beta + \cos\alpha\sin\beta$$
$$\cos(\alpha+\beta) = \cos\alpha\cos\beta - \sin\alpha\sin\beta$$

β を $-\beta$ に変えて次をえる.

$$\sin(\alpha-\beta) = \sin\alpha\cos\beta - \cos\alpha\sin\beta$$
$$\cos(\alpha-\beta) = \cos\alpha\cos\beta + \sin\alpha\sin\beta$$

問 4.4.2 タンジェントの加法定理を導け.

$$\tan(\alpha\pm\beta) = \frac{\tan\alpha\pm\tan\beta}{1\mp\tan\alpha\tan\beta} \quad \text{(複号同順)}$$

問 4.4.3 次の関数を $r\sin(x+\alpha)$ の形で表わせ.

(1) $\sin x - \cos x$ (2) $\sin x + \sqrt{3}\cos x$
(3) $\sqrt{3}\sin x + \cos x$ (4) $\sin x + 2\cos x$

問 4.4.4 前問の関数 (1)〜(4) のグラフを描け.

三角関数の計算によく用いられる公式を挙げておく. すべて加法定理から導くことができるので, その証明を演習としておく.

・2倍角の公式・

$$\sin 2\alpha = 2\sin\alpha\cos\alpha$$
$$\cos 2\alpha = \cos^2\alpha - \sin^2\alpha = 2\cos^2\alpha - 1 = 1 - 2\sin^2\alpha$$
$$\tan 2\alpha = \frac{2\tan\alpha}{1-\tan^2\alpha}$$

・半角の公式・

$$\cos^2 \frac{\alpha}{2} = \frac{1+\cos\alpha}{2}$$

$$\sin^2 \frac{\alpha}{2} = \frac{1-\cos\alpha}{2}$$

$$\tan^2 \frac{\alpha}{2} = \frac{1-\cos\alpha}{1+\cos\alpha}$$

・積を和・差に変える公式・

$$\sin\alpha\cos\beta = \frac{1}{2}\left(\sin(\alpha+\beta) + \sin(\alpha-\beta)\right)$$

$$\cos\alpha\sin\beta = \frac{1}{2}\left(\sin(\alpha+\beta) - \sin(\alpha-\beta)\right)$$

$$\cos\alpha\cos\beta = \frac{1}{2}\left(\cos(\alpha+\beta) + \cos(\alpha-\beta)\right)$$

$$\sin\alpha\sin\beta = -\frac{1}{2}\left(\cos(\alpha+\beta) - \cos(\alpha-\beta)\right)$$

・和・差を積に変える公式・

$$\sin\alpha + \sin\beta = 2\sin\frac{\alpha+\beta}{2}\cos\frac{\alpha-\beta}{2}$$

$$\sin\alpha - \sin\beta = 2\cos\frac{\alpha+\beta}{2}\sin\frac{\alpha-\beta}{2}$$

$$\cos\alpha + \cos\beta = 2\cos\frac{\alpha+\beta}{2}\cos\frac{\alpha-\beta}{2}$$

$$\cos\alpha - \cos\beta = -2\sin\frac{\alpha+\beta}{2}\sin\frac{\alpha-\beta}{2}$$

● 4.5 三角関数の微分

極限 動径の回転とともに単位円上の座標は連続的に変化するからサイン,コサインともに連続関数になり,0 の近くで

$$\lim_{\theta \to 0} \cos\theta = 1, \quad \lim_{\theta \to 0} \sin\theta = 0$$

も成りたつ.次の極限が三角関数の微分の基本になる.

$$\lim_{\theta \to 0} \frac{\sin\theta}{\theta} = 1$$

証明 $0 < \theta < \dfrac{\pi}{2}$ とする．右図のように単位円上に点 B をとり，長方形 APBH をつくると

$$\mathrm{OH} = \cos\theta, \quad \mathrm{BH} = \sin\theta$$

となる．円弧 AB の長さ θ は辺 BH の長さより大きく，2辺の和 AP + PB より小さいので

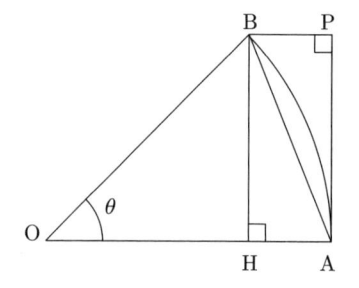

$$\sin\theta < \theta < 1 - \cos\theta + \sin\theta$$

が成りたつ．$1 < 1 + \cos\theta$ より第2の不等式から

$$\theta < (1 + \cos\theta)(1 - \cos\theta) + \sin\theta = \sin^2\theta + \sin\theta$$

がいえて，第1の不等式と合わせて

$$\frac{1}{1 + \sin\theta} < \frac{\sin\theta}{\theta} < 1$$

が導ける．$\theta > 0$ を 0 に近づけると左辺は 1 に近づくので $\lim\limits_{\theta \to +0} \dfrac{\sin\theta}{\theta} = 1$ が示せる．$\theta < 0$ のときは $\dfrac{\sin\theta}{\theta} = \dfrac{\sin(-\theta)}{-\theta}, -\theta > 0$ とすることで上の場合に帰着できる． □

注意! 弧度法をつかう理由のひとつはこの極限値が 1 になる事実である．上の図で $|\theta|$ が小さくなると弧 AB, 線分 AB, BH の長さがほぼ等しくなり，近似式 $\sin\theta \fallingdotseq \theta$ の成りたつことを直観的に表わしている． □

問 4.5.1 次の極限値を求めよ．

(1) $\lim\limits_{x \to 0} \dfrac{\sin 2x}{x}$ (2) $\lim\limits_{x \to 0} \dfrac{\tan x}{x}$ (3) $\lim\limits_{x \to 0} \dfrac{\sin x}{\sin 3x}$

問 4.5.2 次を示せ．
$$\lim_{\theta \to 0} \frac{1 - \cos\theta}{\theta} = 0$$

微分 $\sin x$ の x から $x + h$ までの平均変化率は差を積に変えて

$$\frac{\sin(x+h)-\sin x}{h} = 2\frac{\cos\dfrac{x+h+x}{2}\sin\dfrac{x+h-x}{2}}{h}$$

$$= \cos\left(x+\frac{h}{2}\right)\frac{\sin\dfrac{h}{2}}{\dfrac{h}{2}}$$

と表わせる．上の極限の計算により，x での微分係数が求められる．

$$\lim_{h\to 0}\frac{\sin(x+h)-\sin x}{h}$$

$$=\lim_{h\to 0}\cos\left(x+\frac{h}{2}\right)\lim_{h\to 0}\frac{\sin\dfrac{h}{2}}{\dfrac{h}{2}} = \cos x$$

$$(\sin x)' = \cos x$$

$\cos x = \sin\left(x+\dfrac{\pi}{2}\right)$, $-\sin x = \cos\left(x+\dfrac{\pi}{2}\right)$ と合成関数の微分をつかって次をえる．

$$(\cos x)' = -\sin x$$

商の微分と $\cos^2 x + \sin^2 x = 1$ から $\tan x$ の導関数が導ける．

$$(\tan x)' = \left(\frac{\sin x}{\cos x}\right)' = \frac{1}{\cos^2 x}$$

例題 4.5.1 $y = \cos\left(2x+\dfrac{\pi}{3}\right)$ を微分せよ．

解 $u = 2x + \dfrac{\pi}{3}$ とおくと $y = \cos u$ となるので

$$\frac{dy}{dx} = \frac{dy}{du}\cdot\frac{du}{dx} = (-\sin u)\cdot 2 = -2\sin\left(2x+\frac{\pi}{3}\right) \qquad \square$$

問 4.5.3 次の関数を微分せよ．

(1) $\sin^2 x$ (2) $\sin\left(\dfrac{x}{2}+1\right)$ (3) $\dfrac{1}{\cos x}$

(4) $x\cos 2x$ (5) $\tan\left(\dfrac{\pi}{3}-x\right)$ (6) $\sin x \cdot \cos x$

4.6 逆三角関数の微分

逆三角関数 x を区間 $\left[-\dfrac{\pi}{2}, \dfrac{\pi}{2}\right]$ に限定すると，$y = \sin x$ は単調増加で -1 から 1 まで変化する．中間値の定理 (12 page) により，$-1 \leqq r \leqq 1$ に対して $\sin\theta = r$ となる $-\dfrac{\pi}{2} \leqq \theta \leqq \dfrac{\pi}{2}$ がひとつ決まる．このように $\sin x$ を $\left[-\dfrac{\pi}{2}, \dfrac{\pi}{2}\right]$ に限定したときの逆関数を

$$\theta = \sin^{-1} r$$

で表わし，インバースサインとよぶことにする．

$\sin^{-1} x$ は $-1 \leqq x \leqq 1$ で定義される．
とる値の範囲は $-\dfrac{\pi}{2} \leqq \sin^{-1} x \leqq \dfrac{\pi}{2}$.
$y = \sin x$ のグラフの

$$-\dfrac{\pi}{2} \leqq x \leqq \dfrac{\pi}{2}$$

の部分を直線 $y = x$ に関して対称移動するとそのグラフをえる．

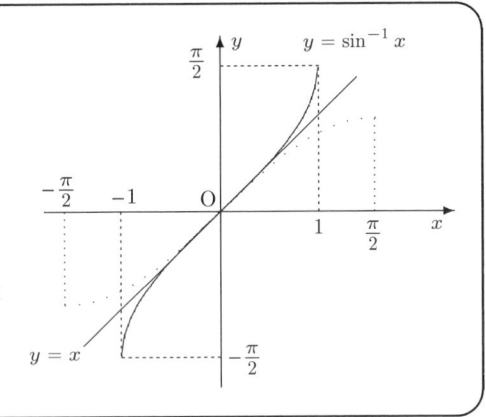

開区間 $\left(-\dfrac{\pi}{2}, \dfrac{\pi}{2}\right)$ で $\tan x$ は $-\infty$ から $+\infty$ まで単調に増加する．したがって，実数 r をあたえると，$\tan\theta = r$ となる $-\dfrac{\pi}{2} < \theta < \dfrac{\pi}{2}$ がただひとつ存在する．これを

$$\theta = \tan^{-1} r$$

で表わして，$\tan$ の逆関数 $\tan^{-1}$（インバースタンジェント）とよぶことにする．

$\displaystyle\lim_{\theta \to \frac{\pi}{2}-0} \tan\theta = \infty$, $\displaystyle\lim_{\theta \to -\frac{\pi}{2}+0} \tan\theta = -\infty$ から次が成りたつ．

$$\lim_{x \to \infty} \tan^{-1} x = \dfrac{\pi}{2}, \quad \lim_{x \to -\infty} \tan^{-1} x = -\dfrac{\pi}{2}$$

$\tan^{-1} x$ は x 軸全体 $-\infty < x < \infty$ で定義される．とる値の範囲は

$$-\frac{\pi}{2} < \tan^{-1} x < \frac{\pi}{2}$$

となる．$y = \tan x$ のグラフの

$$-\frac{\pi}{2} < x < \frac{\pi}{2}$$

の部分を直線 $y = x$ に関して対称移動するとそのグラフをえる．

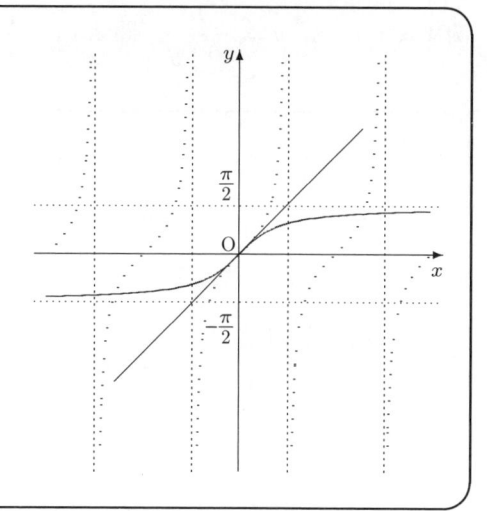

問 4.6.1 次の値を求めよ．

(1) $\sin^{-1} \dfrac{1}{2}$ (2) $\sin^{-1} \dfrac{1}{\sqrt{2}}$ (3) $\sin^{-1} \dfrac{\sqrt{3}}{2}$

(4) $\sin\left(\tan^{-1} \sqrt{3}\right)$ (5) $\cos(\tan^{-1} 1)$ (6) $\cos \sin^{-1} \dfrac{1}{3}$

問 4.6.2 (1) $x \neq 0$ のとき，関係式 $\tan^{-1}\left(\dfrac{1}{x}\right) = \dfrac{\pi}{2} - \tan^{-1} x$ を示せ．

(2) $0 \leqq x \leqq 1$ のとき，関係式 $\sin^{-1} \sqrt{1-x^2} = \dfrac{\pi}{2} - \sin^{-1} x$ を示せ．

微分 $y = \sin^{-1} x$ のとき $x = \sin y$．逆関数の微分の公式 (29 page) により

$$\frac{dy}{dx} = \frac{1}{\dfrac{dx}{dy}} = \frac{1}{\cos y}$$

$-\dfrac{\pi}{2} \leqq y \leqq \dfrac{\pi}{2}$ で $\cos y \geqq 0$ であることに注意すると，$\cos^2 y + \sin^2 y = 1$ から次をえる．

$$\frac{d \sin^{-1} x}{dx} = \frac{1}{\sqrt{1 - \sin^2 y}} = \frac{1}{\sqrt{1 - x^2}}$$

$$(\sin^{-1} x)' = \frac{1}{\sqrt{1 - x^2}}$$

$y = \tan^{-1} x$ のとき $x = \tan y$．逆関数の微分の公式により

$$\frac{dy}{dx} = \frac{1}{\dfrac{dx}{dy}} = \cos^2 y$$

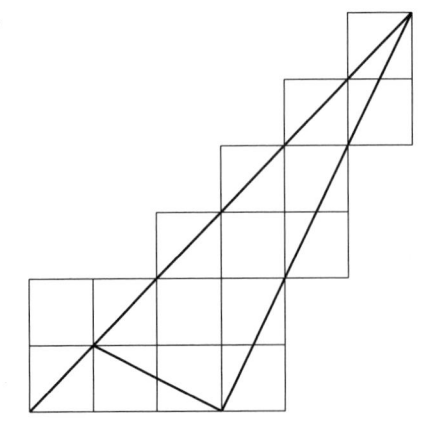

関係式 $1 + \tan^2 y = \dfrac{1}{\cos^2 y}$（問 4.3.7）をつかって次をえる.

$$(\tan^{-1} x)' = \frac{1}{1+x^2}$$

問 4.6.3 導関数を求めよ.

(1) $\sin^{-1}\left(\dfrac{x}{2}\right)$ (2) $\sin^{-1}\sqrt{1-x^2}$

(3) $\tan^{-1}\left(\dfrac{x^2}{2}\right)$ (4) $\tan^{-1}\left(\dfrac{1}{x}\right)$

注意！ $\sin^{-1} x$, $\tan^{-1} x$ はそれぞれ arcsin x, arctan x と書くこともある．右上の添え字 $^{-1}$ は**逆関数を表わす記号**であり，逆数ではないことに注意．三角関数の逆数を表わすのに次の記号もつかわれる．

$$\cot\theta = \frac{1}{\tan\theta} = \frac{\cos\theta}{\sin\theta}, \qquad \sec\theta = \frac{1}{\cos\theta}, \qquad \operatorname{cosec}\theta = \frac{1}{\sin\theta}$$

順に，コタンジェント，セカント，コセカントと読む． □

問題

1. (*) 次の等式を示せ.
    (a) $\tan^{-1}\dfrac{1}{2} + \tan^{-1}\dfrac{1}{3} = \dfrac{\pi}{4}$ (b) $2\tan^{-1}\dfrac{1}{3} + \tan^{-1}\dfrac{1}{7} = \dfrac{\pi}{4}$

2. この図の中から
$$\tan^{-1} 1,\ \tan^{-1} 2,\ \tan^{-1} 3$$
を表わす角をさがし，等式
$$\tan^{-1} 1 + \tan^{-1} 2 + \tan^{-1} 3 = \pi$$
を確かめよ．

3. (*) $\lim\limits_{x\to 0}\cos\dfrac{1}{x}$ は存在しないことを示せ．

4. (1) 極限値 $\lim_{x\to\infty} \dfrac{\sin x}{x}$ を求めよ.

   (2) 極限値 $\lim_{x\to 0} x\sin \dfrac{1}{x}$ を求めよ.

5. (*) (1) $f(x) = x^2 \sin\dfrac{1}{x}$, $x\neq 0$, $f(0)=0$ で $f(x)$ をあたえると実数上の各点で微分可能になることを示せ.

   (2) 導関数 $f'(x)$ は $x=0$ で連続でないことを示せ.

6. 次の関数の導関数を求めよ.

   (1) $\cos(1-2x)$
   (2) $\sin\sqrt{x}$
   (3) $\tan(1+x^2)$
   (4) $x^2 \cos 2x$
   (5) $\cos^2 x$
   (6) $\log|\cos x|$
   (7) $e^{-x}\cos 2x$
   (8) $\dfrac{\sin x}{2+\cos x}$
   (9) $\log|\tan x|$
   (10) $\sin(x^2)$
   (11) $e^{\sin x}$
   (12) $\cos\sqrt{1+x^2}$
   (13) $\dfrac{1}{1+\sin^2 x}$
   (14) $\cos(\sin x)$
   (15) $\tan(2x-x^2)$
   (16) $\sqrt{1+\cos^2 x}$
   (17) $\sin x \cos^n x$ n は自然数
   (18) $\cos e^x$

7. 次の関数の導関数を求めよ.

   (1) $\sin^{-1} 3x$
   (2) $\sin^{-1}(\cos x)$
   (3) $(\sin^{-1} x)^3$
   (4) $\sin^{-1}\sqrt{1-x^2}$
   (5) $\tan^{-1} x^2$
   (6) $\tan^{-1}\sqrt{x}$
   (7) $(\tan^{-1} x)^2$
   (8) $\tan^{-1}\sqrt{1+x^2}$
   (9) $\tan^{-1}(1+x)$
   (10) $\tan^{-1}\dfrac{x}{\sqrt{1-x^2}}$
   (11) $\tan(\sin^{-1} x)$
   (12) $\cos(\sin^{-1} x)$
   (13) $\sin^{-1}\dfrac{1}{x}$
   (14) $\sin^{-1}(-x)$

8. (*) 導関数が次のようになる関数を求めよ.

   (1) $\dfrac{1}{1+4x^2}$
   (2) $\dfrac{1}{4+x^2}$
   (3) $\dfrac{1}{1+x+x^2}$
   (4) $\dfrac{1}{\sqrt{1-4x^2}}$
   (5) $\dfrac{1}{\sqrt{4-x^2}}$
   (6) $\dfrac{1}{\sqrt{2x-x^2}}$

第5章 高次導関数

● 5.1　n 次導関数

$f(x)$ の導関数 $f'(x)$ がさらに x で微分できるとき，$(f')'(x)$ を $f''(x)$ で表わし，$f(x)$ の 2 次導関数（2 階微分）という．さらに $f''(x)$ が微分できるとき

$$(f'')'(x) = (f')''(x) = f'''(x)$$

を 3 次導関数（3 階微分）という．

問 5.1.1　y''' を求めよ．

(1)　$y = \sqrt{x}$ 　　(2)　$y = \dfrac{1}{1+x}$ 　　(3)　$y = \dfrac{x}{1+x}$

(4)　$y = \dfrac{1}{x(1+x)}$ 　　(5)　$y = \log x$ 　　(6)　$y = xe^{2x}$

(7)　$y = \cos(2x+1)$ 　　(8)　$y = x^2 \cos x$ 　　(9)　$y = e^{-x} \sin 2x$

・n 次導関数・

$f(x)$ の $n-1$ 次導関数 $f^{(n-1)}(x)$ がさらに x で微分できるとき，n 回微分可能といい，

$$f^{(n)}(x) = \left(f^{(n-1)}\right)'(x), \quad n = 2, 3, 4, \ldots$$

と表わして，**n 次導関数**（n 階微分）という．

高次導関数の記号　$y^{(n)}$ は微分 $\dfrac{d}{dx}$ を y に n 回実行してえられる，という意味で次のように表わす．

$$y^{(n)} = \left(\frac{d}{dx}\right)^n y = \frac{d^n y}{dx^n}$$

特定の関数 $f(x)$ の高次導関数も同様に表わす.

$$f^{(n)}(x) = \frac{d^n f}{dx^n}(x) = \left(\frac{d}{dx}\right)^n f(x) = \left(\frac{d}{dx}\right)^{n-1} \left(\frac{df}{dx}(x)\right)$$

例題 5.1.1 次の関数の n 次導関数を求めよ $(n = 2, 3, 4, \cdots)$.

(1) x^3 (2) x^m, m は自然数

(3) $\dfrac{1}{x}$ (4) x^r, r は自然数でない実数, $x > 0$ とする.

解 (1) 順次微分していく.

$$(x^3)' = 3x^2, \quad (x^3)'' = 6x, \quad (x^3)''' = 6, \quad (x^3)^{(n)} = 0, n \geqq 4$$

(2) $(x^m)' = mx^{m-1}, \quad (x^m)'' = m(m-1)x^{m-2}, \cdots$

$$(x^m)^{(n)} = \begin{cases} m(m-1)\cdots(m-n+1)x^{m-n} & 1 \leqq n < m \text{ のとき} \\ m(m-1)\cdots 2 \cdot 1 & n = m \text{ のとき} \\ 0 & n > m \text{ のとき} \end{cases}$$

(3) $\left(\dfrac{1}{x}\right)' = \left(x^{-1}\right)' = (-1)x^{-2}, \quad \left(\dfrac{1}{x}\right)'' = (-1)(x^{-2})' = (-1)(-2)x^{-2-1}, \cdots$

$$\left(\frac{1}{x}\right)^{(n)} = \left((-1)x^{-2}\right)^{(n-1)} = \cdots$$
$$= (-1)(-2)\cdots(-n)x^{-n-1} = (-1)^n 1 \cdot 2 \cdots n x^{-n-1}$$

(4) $(x^r)^{(n)} = r(r-1)\cdots(r-n+1)x^{r-n}$ □

注意! x の累乗 (32 page) およびその一般化 (42 page) x^α は, 1 回の微分ごとに次数を 1 ずつ減らしていく. 例題 5.1.1 にみるように, α が自然数のときだけ, ある階数以上の導関数が定数 0 になる. □

例題 5.1.2 n 次導関数を求めよ.

(1) $\log|x|$ (2) e^{ax+b}, a, b は定数

解 (1) $(\log|x|)' = \dfrac{1}{x} = x^{-1}$. 例題 5.1.1 より

$$(\log|x|)^{(n)} = (-1)^{n-1} 1 \cdot 2 \cdots (n-1) x^{-n}$$

(2) $\left(e^{ax+b}\right)' = e^{ax+b}(ax+b)' = ae^{ax+b}$. 1 回の微分で e^{ax+b} に a が 1 個かかるから

$$\left(e^{ax+b}\right)^{(n)} = a^n e^{ax+b} \quad \square$$

問 5.1.2 次の n 次導関数を求めよ.

(1) $(1+2x)^5$ (2) $\dfrac{1}{1+x}$ (3) $\dfrac{1}{1-x}$

(4) $\dfrac{1}{(1-x)(1+x)}$ (5) $(1+x)^{\frac{1}{3}}$ (6) $\log(1+x)$

(7) e^{1-x} (8) $(1+2x)^{\frac{1}{5}}$ (9) $\log(1+2x)$

例題 5.1.3 $(\sin x)^{(n)} = \sin\left(x + \dfrac{n\pi}{2}\right)$, $n=1,2,3,\ldots$ を示せ.

略解 三角関数の公式 I. (47 page) をつかう.

$$(\sin x)' = \cos x = \sin\left(x + \dfrac{\pi}{2}\right)$$

$$(\sin x)'' = \left(\sin\left(x + \dfrac{\pi}{2}\right)\right)' = \cos\left(x + \dfrac{\pi}{2}\right) = \sin\left(x + \dfrac{2\pi}{2}\right)$$

これを繰り返して求める式をえる.（厳密な証明には数学的帰納法をつかう.） $\square$

問 5.1.3 $(\cos x)^{(n)} = \cos\left(x + \dfrac{n\pi}{2}\right)$, $n=1,2,3,\ldots$ を示せ.

問 5.1.4 次の n 次導関数を求めよ.

(1) $\cos(x+1)$ (2) $\sin 2x$ (3) $\cos x \cdot \sin 2x$

・階乗，2 項係数・

k を自然数とするとき

$$k! = 1 \cdot 2 \cdot \cdots \cdot (k-1)k$$

を k の階乗という.

自然数の組 $n,k, k<n$ に対し

$$\binom{n}{k} = \dfrac{n(n-1)\cdots(n-k+1)}{k!} = \dfrac{n!}{k!\,(n-k)!}$$

とおく．また $k=0, k=n$ のときは

$$0! = 1, \quad \binom{n}{0} = \binom{n}{n} = 1$$

と約束する．

問 5.1.5 次を示せ．

(1) $\binom{n}{k} = \binom{n}{n-k}$

(2) $\binom{n}{k} + \binom{n}{k-1} = \binom{n+1}{k}$

2項展開 n 次多項式 $(1+x)^n = a_0 + a_1 x + \cdots + a_n x^n$ の係数 $a_j, j = 0, 1, \ldots, n$ は以下のように決められる．

まず $x = 0$ を代入して $a_0 = 1$. $(1+x)^n = a_0 + a_1 x + \cdots + a_n x^n$ の両辺を k 回微分すると

$$n(n-1)\cdots(n-k+1)(1+x)^{n-k}$$
$$= k! a_k + (k+1)k \cdots 2 a_{k+1} x + \cdots + n(n-1)\cdots(n-k+1) a_n x^{n-k},$$
$$k = 1, 2, \ldots, n$$

が成りたつ．両辺に $x = 0$ を代入して

$$n(n-1)\cdots(n-k+1) = k! a_k$$

これから

$$a_k = \binom{n}{k}$$

がわかる．

$$(1+x)^n = 1 + \binom{n}{1} x + \cdots + \binom{n}{k} x^k + \cdots + \binom{n}{n-1} x^{n-1} + x^n$$

上の式で $x = \dfrac{a}{b}$ として両辺に b^n をかけて次の公式をえる．

> **・2項展開・**
> $$(a+b)^n = a^n + \binom{n}{1}a^{n-1}b + \cdots + \binom{n}{k}a^{n-k}b^k + \cdots$$
> $$\cdots + \binom{n}{n-1}ab^{n-1} + b^n$$

● 5.2 積の n 次導関数

$y^{(n)} = (f(x)g(x))^{(n)}$ は2項係数をつかって次の公式で表わせる.

> **・ライプニッツの公式・**
> $f(x), g(x)$ が n 回微分可能であるとき,積 fg も n 回微分可能で
> $$(fg)^{(n)} = \sum_{k=0}^{n} \binom{n}{k} f^{(n-k)} g^{(k)}$$
> $$= f^{(n)}g + \binom{n}{1}f^{(n-1)}g' + \binom{n}{2}f^{(n-2)}g'' +$$
> $$\cdots + \binom{n}{n-1}f'g^{(n-1)} + fg^{(n)}$$

問 5.2.1 $(f(x)g(x))''$, $(f(x)g(x))'''$ を計算して,$n=2,3$ のときのライプニッツの公式を確かめよ.

問 5.2.2 n についての数学的帰納法により,ライプニッツの公式を証明せよ.

(hint : $(fg)^{(n)} = \sum_{k=0}^{n} \binom{n}{k} f^{(n-k)} g^{(k)}$ の成立を仮定,両辺を微分して

$$(fg)^{(n+1)} = \sum_{k=0}^{n} \binom{n}{k} \left(f^{(n-k+1)}g^{(k)} + f^{(n-k)}g^{(k+1)} \right)$$

微分の階数が等しい項をまとめる.)

例題 5.2.1 次の高次導関数を計算せよ.

(1) $\left(x^2 e^x\right)^{(5)}$ (2) $\left((x-1)^3 e^{-x}\right)^{(6)}$

解 (1) ライプニッツの公式により

$$\left(x^2 e^x\right)^{(5)} = \sum_{k=0}^{5} \binom{5}{k} \left(x^2\right)^{(k)} (e^x)^{(5-k)}$$

$(e^x)^{(n)} = e^x$, $\left(x^2\right)^{(n)} = 0$, $n \geqq 3$ だから

$$\left(x^2 e^x\right)^{(5)} = \binom{5}{0} x^2 e^x + \binom{5}{1} \left(x^2\right)^{(1)} (e^x)^{(4)} + \binom{5}{2} \left(x^2\right)^{(2)} (e^x)^{(3)}$$

$$= \left(x^2 + 10x + 20\right) e^x$$

(2) $\left(e^{-x}\right)^{(n)} = (-1)^n e^{-x}$, $\left((x-1)^3\right)^{(n)} = 0$, $n \geqq 4$ だからライプニッツの公式で $k = 3$ までの和を求めればよい.

$$\left((x-1)^3 e^{-x}\right)^{(6)} = \binom{6}{0} (x-1)^3 \left(e^{-x}\right)^{(6)} + \binom{6}{1} \left((x-1)^3\right)^{(1)} \left(e^{-x}\right)^{(5)}$$

$$+ \binom{6}{2} \left((x-1)^3\right)^{(2)} \left(e^{-x}\right)^{(4)} + \binom{6}{3} \left((x-1)^3\right)^{(3)} \left(e^{-x}\right)^{(3)}$$

$$= \left((x-1)^3 - 18(x-1)^2 + 90(x-1) - 120\right) e^{-x} \quad \square$$

問 5.2.3 次の高次導関数を求めよ.

(1) $\left(x^3 e^{2x}\right)^{(4)}$ (2) $\left(x^2 \cos x\right)^{(4)}$ (3) $\left(e^{-x} \sin 2x\right)^{(3)}$

問 5.2.4 次の関数の n 次導関数を求めよ.

(1) $x^2 e^{-x}$ (2) $x^3 \log x$ (3) $(1+x)^n (1-x)^n$

問題

1. 次の展開の中で指定された項の係数を求めよ.

   (1) $(x+2)^5$, x^3 (2) $\left(x^2 + \dfrac{1}{2x}\right)^8$, x^7

   (3) $(a - 2b + c)^6$, $a^3 b^2 c$

2. 次の関数の n 次導関数を求めよ.

   (1) e^{-2x+1} (2) $\sqrt{x}$ (3) $\log(1-x^2)$

   (4) $(2x+1)^{10}$ (5) $\sqrt{1+2x}$ (6) $\dfrac{x}{1+x}$

3. y, y', y'' の間に成立する等式を求めよ.
  (1) $y = e^{2x} + e^{-2x}$ (2) $y = e^{-x} + e^{2x}$
  (3) $y = \sin\sqrt{2}x$ (4) $y = \sin x \cos x$

4. (*) $y = e^{-x^2}$ について
  (1) y, y' の間に成立する等式を求めよ.
  (2) $n \geqq 2$ のとき次を示せ.
  $$y^{(n)} + 2xy^{(n-1)} + 2(n-1)y^{(n-2)} = 0$$

5. (1) $\left(\tan^{-1} x\right)' = \sin^2\theta$ を示せ. ただし θ は $x = \cot\theta$ をみたすようにとる. ($\cot\theta$ については 56 page を参照.)
  (*) (2) 数学的帰納法により次を示せ.
  $$\left(\tan^{-1} x\right)^{(n)} = (-1)^{n-1}(n-1)!\sin^n\theta \sin n\theta, \quad n = 1, 2, 3, \ldots$$
  ただし θ は (1) と同じとする.

6. (*) $y = \tan^{-1} x$ のとき
  (1) $(x^2+1)y' = 1$ から次を導け.
  $$(x^2+1)y^{(n+1)} + 2nxy^{(n)} + n(n-1)y^{(n-1)} = 0$$
  (2) $y^{(2k)}(0) = 0$, $y^{(2k+1)}(0) = (-1)^k(2k)!$ を示せ.

7. $y = \sin^{-1} x$ のとき
  (1) $(1-x^2)y'' + (-x)y' = 0$ を示せ.
  (2) 次を示せ.
  $$(1-x^2)y^{(n+2)} - (2n+1)xy^{(n+1)} - n^2 y^{(n)} = 0$$
  (3) $y^{(2k)}(0), y^{(2k+1)}(0)$ を求めよ.

8. (*) 次の等式を示せ.
  $$\left(\frac{d}{dx}\right)^n x\log x = (-1)^n \frac{(n-2)!}{x^{n-1}}, \quad n \geqq 2$$

9. (*) $f(x) = (1+x)\log(1+x)$ のとき
  (1) $f''(0)$ を求めよ.
  (2) $f^{(4)}(0)$ を求めよ.
  (3) $f^{(2n)}(0), n = 2, 3, \ldots$ を求めよ.

第6章 関数の展開

● 6.1 平均値の定理

次の単純な定理が関数の近似，展開の基礎になる．

定理 6.1.1（ロル Rolle の定理） $f(x)$ が $[a,b]$ で連続，$a<x<b$ で微分可能とする．$f(a)=f(b)$ ならば，$f'(c)=0$ となる $c\,(a<c<b)$ がある．

証明 $a<x<b$ で $f(x)=f(a)=f(b)$（定数関数）ならば $f'(x)=0$.

$f(x)>f(a)=f(b)$ となる $a<x<b$ があるとする．このとき $a\leqq x\leqq b$ で $f(x)$ が最大となる c が a と b の間にある $(a<c<b)$. $f(c)$ が最大値だから，$x\neq c$ に対して

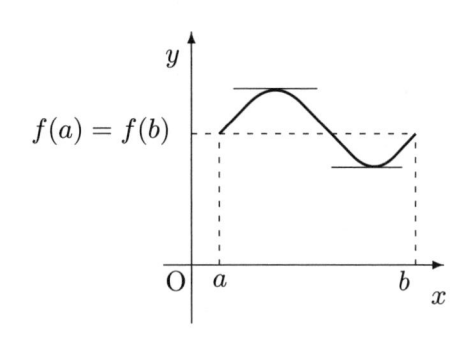

$$f(x)\leqq f(c)$$

したがって，

$$f(x)-f(c)\leqq 0$$

$a<x<c$ のとき $x-c<0$ なので

$$\frac{f(x)-f(c)}{x-c}\geqq 0$$

これから $a<x<c$ としながら x を c に近づけることで

$$f'(c)=\lim_{x\to c}\frac{f(x)-f(c)}{x-c}\geqq 0$$

がわかる．一方で $c<x<b$ のとき $x-c>0$ だから

$$\frac{f(x)-f(c)}{x-c} \leqq 0$$

$c < x < b$ としながら x を c に近づけることで

$$f'(c) = \lim_{x \to c} \frac{f(x)-f(c)}{x-c} \leqq 0$$

もわかる．これらから最大値をとる $x=c$ で $f'(c)=0$ であることがいえる．

以上のふたつの場合にあてはまらないのは次のときである．

$$a < x < b \text{ で } f(x) > f(a) = f(b) \text{ となる } x \text{ がなく,}$$

$$f(x) < f(a) = f(b) \text{ となる } x \text{ が存在する.}$$

このときは，$f(x)$ が $a \leqq x \leqq b$ での最小値をとる $c\,(a<c<b)$ を考えると，上と同様にして $f'(c)=0$ が示せる．□

定理 6.1.2（平均値の定理） $f(x)$ が $[a,b]$ で連続，(a,b) で微分可能とすると

$$\frac{f(b)-f(a)}{b-a} = f'(c)$$

となる $c\,(a<c<b)$ がある．

証明
$$F(x) = f(x) - \frac{f(b)-f(a)}{b-a}(x-a)$$

とおくと $F(a)=F(b)=f(a)$ をみたすので，ロルの定理が $F(x)$ に適用できる．

$$F'(x) = f'(x) - \frac{f(b)-f(a)}{b-a}$$

だから $F'(c)=0$ である $c, a<c<b$ で

$$f'(c) = \frac{f(b)-f(a)}{b-a}$$

が成りたつ．□

分母を払った形の $f(b)-f(a) = f'(c)(b-a)$ および

$$f(b) = f(a) + f'(c)(b-a)$$

は $x=a, b$ 間の関数値の変わり方を表わしている．また $\theta = \dfrac{c-a}{b-a}$ とおいて

$$f(b) = f(a) + f'\left(a+\theta(b-a)\right)(b-a), \quad 0 < \theta < 1$$

の形で用いることも多い．

> **・関数の増減・**
>
> $f(x)$ は $x_1 \leqq x \leqq x_2$ で連続，$x_1 < x < x_2$ で微分可能とする．
> 平均値の定理から，$f'(x) > 0$ のとき
> $$f(x_2) - f(x_1) = f'(c)(x_2 - x_1) > 0, \quad x_1 < c < x_2$$
> $f'(x) < 0$ のとき
> $$f(x_2) - f(x_1) = f'(c)(x_2 - x_1) < 0, \quad x_1 < c < x_2$$
> がわかる．
> $$f'(x) > 0 \text{ ならば } f(x) \text{ は単調増加}$$
> $$f'(x) < 0 \text{ ならば } f(x) \text{ は単調減少}$$

例題 6.1.1 $x > 0$ で $x > \log(1+x)$ であることを示せ．

解 $f(x) = x - \log(1+x)$ とおく．$x > 0$ のとき $1 + x > 1$ だから
$$f'(x) = 1 - \frac{1}{1+x} > 0$$
となり，$x > 0$ で $f(x)$ は単調増加，$f(x) > f(0) = 0$ より不等式が成りたつ． □

問 6.1.1 次の不等式が $x > 0$ で成りたつことを示せ．

(1) $x > \sin x$ (2) $\log(1+x) > x - \dfrac{x^2}{2}$

(3) $\log(1+x) > \dfrac{x}{1+x}$ (4) $x > \tan^{-1} x$

(5) $\tan^{-1} x > \dfrac{x}{1+x^2}$ (6) $\cos x > 1 - \dfrac{x^2}{2}$

問 6.1.2 ある区間で $f(x)$ は微分可能，その導関数が $f'(x) \equiv 0$（常に 0）であるとき，$f(x)$ は定数であることを示せ．

● 6.2　極値・凹凸

極大・極小　c に十分近い $x \neq c$ で
$$f(c) > f(x) \quad (f(c) < f(x))$$
が成りたつとき，$f(x)$ は $x = c$ で極大（極小）になるといい，$f(c)$ を**極大値**（**極小値**）という．極大値・極小値を合わせて極値という．

第6章 関数の展開

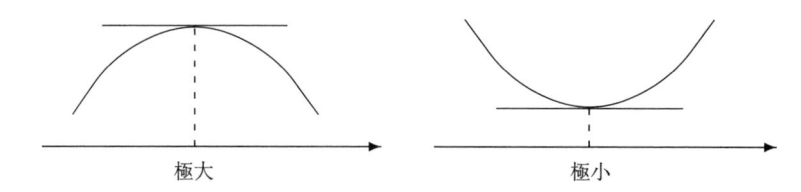

極大では増加から減少に，極小では減少から増加に，関数のふるまいが変わるので次が成りたつ．

定理 6.2.1 (極値の必要条件) $f(x)$ は $x = c$ を含む区間で微分可能とする．$x = c$ で極値をとれば $f'(c) = 0$ でなければならない．

証明はロルの定理（定理 6.1.1）とほぼ同様．

問 6.2.1 $f'(c) = 0$ が極値をとる十分条件でないことを $f(x) = x^3$ を例にとり，説明せよ．

極値をとる点は $f'(x) = 0$ となる点から選ばれる．しかしその前後で $f'(x)$ の符号が変わらなければ $f(x)$ の増加・減少の変化がなく，極値をとらない．

問 6.2.2 極値があればそれを求めよ．

(1) $x^3 - 3x$ 　　(2) xe^{-x^2} 　　(3) $x^4 - x^2$

・グラフの 凹凸・

関数 $f(x)$ の定義された区間から $a, b\ (a < b)$ を任意にとる．
$y = f(x)$ のグラフ上の2点 $(a, f(a)), (b, f(b))$ を通る直線

$$y = \frac{f(b) - f(a)}{b - a}(x - a) + f(a)$$

は，$a \leqq x \leqq b$ で

$$\frac{f(b) - f(a)}{b - a}(x - a) + f(a) \geqq f(x)$$

となるとき，区間 $[a, b]$ で $y = f(x)$ のグラフより上にある．このとき $y = f(x)$ は下に凸であるという．

逆に区間 $[a, b]$ で

$$\frac{f(b) - f(a)}{b - a}(x - a) + f(a) \leqq f(x)$$

となるとき，$y = f(x)$ は上に凸であるという．

下に凸　　　　　　　上に凸

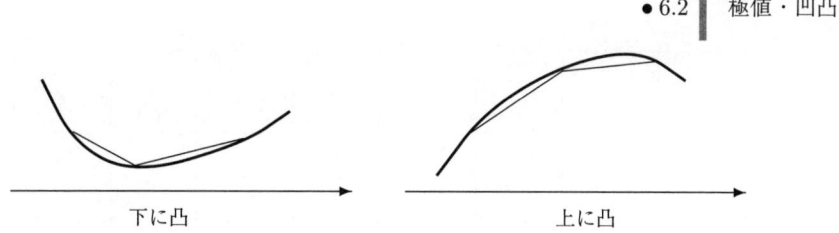

定理 6.2.2（凹凸の判定） ある区間で $f(x)$ は 2 回微分可能とする.
$y = f(x)$ は, $f''(x) \geqq 0$ ならば下に凸, $f''(x) \leqq 0$ ならば上に凸である.

証明 $a \leqq x \leqq b$ で $f''(x) \geqq 0$ を仮定し, $a < x < b$ で下に凸を表わす不等式

$$\frac{f(b)-f(a)}{b-a}(x-a) + f(a) - f(x) \geqq 0$$

を示す. 左辺は次のように表わせる.

$$\begin{aligned}
&\frac{f(b)-f(a)}{b-a}(x-a) + f(a) - f(x) \\
&= \frac{f(b)-f(x)}{b-x}\frac{(b-x)(x-a)}{b-a} + \frac{f(x)-f(a)}{x-a}\frac{(x-a)(x-b)}{b-a} \\
&= \left(\frac{f(b)-f(x)}{b-x} - \frac{f(x)-f(a)}{x-a}\right)\frac{(x-a)(b-x)}{b-a} \\
&= (f'(x_2) - f'(x_1))\frac{(x-a)(b-x)}{b-a}
\end{aligned}$$

ここで $a < x_1 < x < x_2 < b$, ふたつの変化率に平均値の定理を適用した.

仮定 $f''(x) \geqq 0$ から $f'(x)$ は非減少, したがって $f'(x_1) \leqq f'(x_2)$.

また $\dfrac{(x-a)(b-x)}{b-a} > 0$ だから

$$(f'(x_2) - f'(x_1))\frac{(x-a)(b-x)}{b-a} \geqq 0$$

求める不等式をえる. 上に凸の場合も同様に不等号の向きを変えるだけで示せる. □

例題 6.2.1 $f(x) = \dfrac{1}{1+x^2}$ のとき, 増減, 凹凸を調べて $y = f(x)$ のグラフを描け.

解 $f'(x) = \left(\dfrac{1}{1+x^2}\right)' = -\dfrac{2x}{(1+x^2)^2}$, $f''(x) = \left(-\dfrac{2x}{(1+x^2)^2}\right)' = \dfrac{2(3x^2-1)}{(1+x^2)^3}$

$f'(x) = 0$ を解いて $x = 0$, $f''(x) = 0$ を解いて $\pm\dfrac{1}{\sqrt{3}}$.

$f'(x), f''(x)$ の正負は次のようになる.

x		$-\dfrac{1}{\sqrt{3}}$		0		$\dfrac{1}{\sqrt{3}}$	
$f'(x)$	+		+	0	−		−
$f''(x)$	+	0	−		−	0	+
$f(x)$	↗	下に凸	↗	1	↘	上に凸	↘ 下に凸

$\displaystyle\lim_{x\to\pm\infty}\dfrac{1}{1+x^2}=0$ に注意し，表で表わされた増減，凹凸をもとにして右のグラフが描ける．□

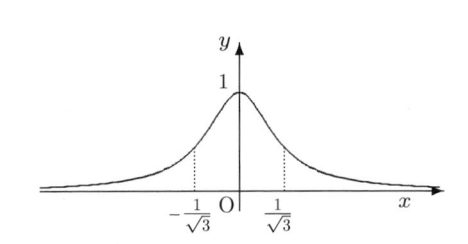

$f''(a)=0$, $x=a$ の左右で凹凸が変わるとき，点 $(a,f(a))$ を**変曲点**という．

問 6.2.3 増減，凹凸を調べて $y=f(x)$ のグラフを描け．

(1) $f(x)=\dfrac{x}{1+x^2}$ (2) $f(x)=\dfrac{1}{\sqrt{1+x^2}}$

(3) $f(x)=\dfrac{x^2}{1+x^2}$ (4) $f(x)=\dfrac{x}{\sqrt{1+x^2}}$

最大・最小 $f(x)$ が閉区間 $[a,b]$ で連続ならば最大値・最小値が存在する (13 page)．区間内の極大値・極小値と両端での値 $f(a), f(b)$ を比較して，閉区間 $[a,b]$ での最大値・最小値が求められる．

例題 6.2.2 区間 $[-1,3]$ での $f(x)=x^2 e^{-x}$ の最大値・最小値を求めよ．

解 $f'(x)=2xe^{-x}+x^2\left(-e^{-x}\right)=-x(x-2)e^{-x}$.

$e^{-x}>0$ だから $f'(x)=0$ となるのは $x=0,2$.
増減表から

$$\text{極小値 } 0, \text{ 極大値 } \dfrac{4}{e^2}$$

両端での値と比べて

$$\text{最大値 } f(-1)=e$$
$$\text{最小値 } f(0)\ =0$$

がわかる．□

x	-1		0		2		3
$f'(x)$	−	−	0	+	0	−	−
$f(x)$	e	↘	0	↗	$\dfrac{4}{e^2}$	↘	$\dfrac{9}{e^3}$

$[-1, 3]$ を含む範囲で $f(x) = x^2 e^{-x}$ は右図のように変化する.

問 6.2.4 次の関数の示された区間での最大値と最小値を求めよ.

(1) $y = x + \sqrt{1-x^2}$, $[0, 1]$

(2) $y = x + \cos x$, $[-\pi, \pi]$

(3) $y = x \sin x + \cos x$, $[0, 2\pi]$

(4) $y = \dfrac{\log x}{x}$, $[1, 3]$

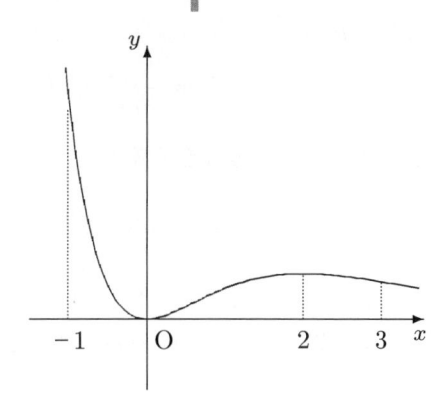

● 6.3　テイラーの公式

平均値の定理

$$f(x) = f(a) + f'(\xi)(x - a), \quad \xi は x と a の間の数$$

は関数 $f(x)$ を右辺の 1 次関数で近似しているとみなせる. 2 階微分をつかうと次のように 2 次関数による近似式がえられる.

$f(x)$ は $a \leqq x \leqq b$ で連続, $a < x < b$ で 2 回微分可能とすると

$$f(b) = f(a) + f'(a)(b-a) + \frac{1}{2!} f''(c)(b-a)^2$$

となる c $(a < c < b)$ がある.

証明　$F(x) = f(b) - f(x) - f'(x)(b-x) - K(b-x)^2$ とおく.

定数 K を

$$K = \frac{1}{(b-a)^2} \left(f(b) - f(a) - f'(a)(b-a) \right)$$

ととると $F(a) = F(b) = 0$ が成りたち, ロルの定理により $F'(c) = 0, a < c < b$ となる c がある.

$$F'(x) = -f'(x) - f''(x)(b-x) - f'(x)(-1) - K \cdot 2(b-x)(-1)$$
$$= -f''(x)(b-x) + 2K(b-x)$$

よって, $x = c$ で, $F'(c) = -f''(c)(b-c) + 2K(b-c) = 0$ が成りたち, $K = \dfrac{f''(c)}{2}$. K

のとり方から

$$K = \frac{1}{(b-a)^2}\left(f(b) - f(a) - f'(a)(b-a)\right) = \frac{f''(c)}{2!}$$

となり，求める等式をえる． □

これを進めるとより高次の導関数をつかった次の公式をえる．

定理 6.3.1 (テイラー (Taylor) の定理) $f(x)$ は a を含むある開区間で n 回微分可能とする．このとき区間内の b に対して次が成りたつ．

$$f(b) = f(a) + \frac{f'(a)}{1!}(b-a) + \cdots + \frac{f^{(n-1)}(a)}{(n-1)!}(b-a)^{n-1} + R_n$$

ここで R_n は剰余項とよばれ，a と b の間にある c により

$$R_n = \frac{f^{(n)}(c)}{n!}(b-a)^n$$

であたえられる． □

これを **中心 a のテイラー (Taylor) の公式** という．この定理も $F(a) = F(b) = 0$ が成りたつように

$$F(x) = f(b) - \left\{f(x) + \sum_{k=1}^{n-1}\frac{1}{k!}f^{(k)}(x)(b-x)^k + K(b-x)^n\right\},$$

$$K = \frac{1}{(b-a)^n}\left\{f(b) - f(a) - \sum_{k=1}^{n-1}\frac{1}{k!}f^{(k)}(a)(b-a)^k\right\}$$

とおいて，$n=2$ の場合と同様に示すことができる．

問 6.3.1 $^{(*)}$ 上を補ってテイラーの定理を証明せよ．

b は定理の仮定の成りたつ区間内にあればよいので，変数 x で表わすことにする．

──── ・テイラー (Taylor) の公式・ ────

$$f(x) = f(a) + \frac{f'(a)}{1!}(x-a) + \cdots + \frac{f^{(n-1)}(a)}{(n-1)!}(x-a)^{n-1} + R_n$$

剰余項 R_n は

$$R_n = \frac{f^{(n)}(c)}{n!}(x-a)^n$$

である．c は a と x の間にある実数で $c = a + \theta(x-a), 0 < \theta < 1$ の形でも表わせる．剰余項の扱いには，具体的な表示よりもその大きさの評価をえることが重要である．

・剰余項（誤差）の評価・

ある $M > 0$ により $|f^{(n)}(x)| \leq M$ とできれば

$$\lim_{x \to a} \left| \frac{R_n}{(x-a)^{n-1}} \right| = \lim_{x \to a} \left| \frac{f^{(n)}(c)}{n!} \frac{(x-a)^n}{(x-a)^{n-1}} \right|$$

$$\leq \lim_{x \to a} \frac{M}{n!} |x-a| = 0$$

となることがわかる．

テイラーの公式の $a = 0$ の場合を**マクローリン (Maclaurin) の公式**という．

・マクローリン (Maclaurin) の公式・

$$f(x) = f(0) + \frac{f'(0)}{1!} x + \cdots + \frac{f^{(n-1)}(0)}{(n-1)!} x^{n-1} + R_n$$

$$R_n = \frac{f^{(n)}(c)}{n!} x^n$$

問 6.3.2 $f(x) = a_0 + a_1(x-a) + a_2(x-a)^2 + \cdots + a_n(x-a)^n$ について，

$$a_0 = f(a), \quad a_k = \frac{f^{(k)}(a)}{k!}, \ k = 1, \ldots, n$$

となることを示せ．

マクローリンの公式の例

1. $f(x) = e^x$. $f^{(k)}(x) = (e^x)^{(k)} = e^x$ だから $f^{(k)}(0) = e^0 = 1$.
マクローリンの公式は

$$e^x = 1 + \frac{x}{1!} + \frac{x^2}{2!} + \frac{x^3}{3!} + \cdots + \frac{x^{n-1}}{(n-1)!} + R_n$$

剰余項は $R_n = \dfrac{e^{\theta x}}{n!} x^n, 0 < \theta < 1$．$|x| \leq 1$ ならば $|e^x| \leq e$ だから，剰余項の評価 (73 page) でみたように

$$\lim_{x \to 0} \left| \frac{R_n}{x^{n-1}} \right| \leq \lim_{x \to 0} \frac{e}{n!} |x| = 0$$

が成りたつ．

2. **(i)** $f(x) = \sin x$. $f^{(m)}(x) = \sin\left(x + \dfrac{m\pi}{2}\right)$ （例題 5.1.3）より

$$f^{(m)}(0) = \sin\frac{m\pi}{2} = \begin{cases} (-1)^{n-1} & m = 2n-1,\ n = 1, 2, \ldots \\ 0 & m = 2(n-1),\ n = 1, 2, \ldots \end{cases}$$

マクローリンの公式は奇数次の項のみからなる.

$$\sin x = x - \frac{x^3}{3!} + \frac{x^5}{5!} - \cdots + (-1)^{n-1}\frac{x^{2n-1}}{(2n-1)!} + R_{2n+1}$$

$$R_{2n+1} = \frac{1}{(2n+1)!}\sin\left(\theta x + n\pi + \frac{\pi}{2}\right)x^{2n+1} = \frac{(-1)^n}{(2n+1)!}\cos(\theta x)x^{2n+1}$$

(ii) $f(x) = \cos x$. $f^{(m)}(x) = \cos\left(x + m\cdot\frac{\pi}{2}\right)$ （問 5.1.3）より

$$f^{(m)}(0) = \cos\frac{m\pi}{2} = \begin{cases} (-1)^n & m = 2(n-1),\ n = 1, 2, \ldots \\ 0 & m = 2n-1,\ n = 1, 2, \ldots \end{cases}$$

マクローリンの公式は偶数次の項のみからなる.

$$\cos x = 1 - \frac{x^2}{2!} + \frac{x^4}{4!} - \cdots + (-1)^{n-1}\frac{x^{2n-2}}{(2n-2)!} + R_{2n}$$

$$R_{2n} = \frac{1}{(2n)!}\cos\left(\theta x + n\pi\right)x^{2n} = \frac{(-1)^n}{(2n)!}\cos(\theta x)x^{2n}$$

(i) では $\lim_{x\to 0}\frac{R_{2n+1}}{x^{2n}} = 0$, (ii) では $\lim_{x\to 0}\frac{R_{2n}}{x^{2n-1}} = 0$ がそれぞれ成りたつ.

問 6.3.3 $x > 0$ で次の不等式が成りたつことを示せ.

(1) $e^x > 1 + x$ 　　　　　　　(2) $e^x > 1 + x + \dfrac{x^2}{2!}$

(3) $e^x > 1 + x + \dfrac{x^2}{2!} + \dfrac{x^3}{3!}$

(4) $e^x > 1 + x + \dfrac{x^2}{2!} + \cdots + \dfrac{x^n}{n!}$　　n は 4 以上の自然数

注意! $x \to \infty$ のとき e^x はどのような $x^\alpha, \alpha > 0$ より増大することを問 6.3.3 は示している（指数関数的増大）. □

問 6.3.4 極限値を求めよ.

(1) $\displaystyle\lim_{x\to +\infty}\frac{x^3}{e^x}$ 　　(2) $\displaystyle\lim_{x\to +\infty}\frac{x^\alpha}{e^{x^\beta}}$ 　$\alpha, \beta > 0$ 　　(3) $\displaystyle\lim_{x\to +\infty}\frac{\log x}{x}$

問 6.3.5 極限値を求めよ.

(1) $\displaystyle\lim_{x\to 0}\frac{\cos x - 1}{x^2}$ 　　(2) $\displaystyle\lim_{x\to 0}\frac{\sin x - x}{x^3}$ 　　(3) $\displaystyle\lim_{x\to 0}\frac{\sin x \cos x - x}{x^3}$

3. $f(x) = (1+x)^\alpha$. $x > -1$, α は実数で自然数をのぞく．高次導関数でみたように

$$f^{(k)}(x) = \alpha(\alpha-1)\cdots(\alpha-k+1)(1+x)^{\alpha-n}, \quad k = 1, 2, \ldots$$

となる．マクローリンの公式中の x^k の係数は

$$\frac{f^{(k)}(0)}{k!} = \frac{\alpha(\alpha-1)\cdots(\alpha-k+1)}{k!}$$

となる．自然数のときと同じく

$$\binom{\alpha}{0} = 1, \quad \binom{\alpha}{k} = \frac{\alpha(\alpha-1)\cdots(\alpha-k+1)}{k!}$$

とおくと2項展開の一般化

$$(1+x)^\alpha = \binom{\alpha}{0} + \binom{\alpha}{1}x + \binom{\alpha}{2}x^2 + \cdots + \binom{\alpha}{n-1}x^{n-1}$$

$$+ \binom{\alpha}{n}(1+\theta x)^{\alpha-n}x^n, \quad 0 < \theta < 1$$

をえる．

4. $f(x) = \log(1+x)$．$f'(x) = \dfrac{1}{1+x} = (1+x)^{-1}$．3. を参考にして

$$f^{(k)}(x) = (-1)(-2)\cdots(-k+1)(1+x)^{-k} = (-1)^{k-1}(k-1)!\frac{1}{(1+x)^k}$$

となる．マクローリンの公式中の x^k の係数は

$$\frac{f^{(k)}(0)}{k!} = \frac{(-1)^{k-1}(k-1)!}{k!} = \frac{(-1)^{k-1}}{k}$$

となり，

$$\log(1+x) = x - \frac{x^2}{2} + \frac{x^3}{3} - \frac{x^4}{4} + \cdots + (-1)^{n-2}\frac{x^{n-1}}{n-1}$$

$$+ \frac{(-1)^{n-1}}{n}(1+\theta x)^{-n}x^n, \quad 0 < \theta < 1$$

をえる．

テイラー近似　テイラーの公式により

$$f(a) + \frac{f'(a)}{1!}(x-a) + \cdots + \frac{f^{(n)}(a)}{n!}(x-a)^n$$

は $x = a$ の近くで $f(x)$ を近似する n 次多項式とみなせる．これを $f(x)$ の第 n 次テイラー近似という．また，$a = 0$ のとき第 n 次マクローリン近似という．

例題 6.3.1 $\sqrt{1+x}$ にマクローリンの公式を適用して 2 次 x^2 の項までの近似式を求め，グラフを比較せよ．

解 $\sqrt{1+x} = (1+x)^{\frac{1}{2}}$ だから，ある $0 < \theta < 1$ により

$$(1+x)^{\frac{1}{2}} = 1 + \binom{\frac{1}{2}}{1} x + \binom{\frac{1}{2}}{2} x^2 + \binom{\frac{1}{2}}{3} (1+\theta x)^{\frac{1}{2}-3} x^3$$

と表わせる．近似の 2 次式 $p(x)$ は

$$p(x) = 1 + \frac{\frac{1}{2}}{1!} x + \frac{\left(\frac{1}{2}\right)\left(\frac{1}{2}-1\right)}{2!} x^2 = 1 + \frac{1}{2} x - \frac{1}{8} x^2$$

となる．左が $\sqrt{1+x}$ のグラフ，右が近似 2 次式のグラフ．

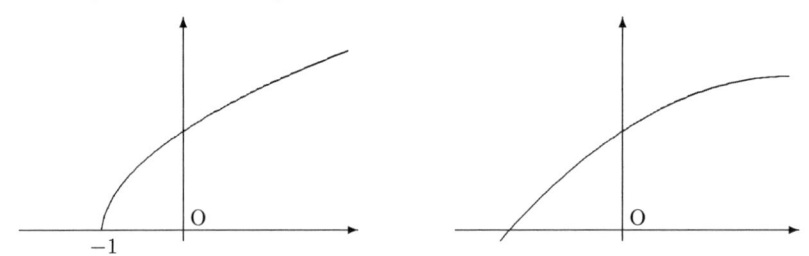

剰余項の評価から $\lim_{x \to 0} \dfrac{\sqrt{1+x} - p(x)}{x^2} = 0$ が成りたち，$x = 0$ に近いほどよい近似になることを示している． □

$$1 - \frac{x^2}{2!}, \quad 1 - \frac{x^2}{2!} + \frac{x^4}{4!}, \quad 1 - \frac{x^2}{2!} + \frac{x^4}{4!} - \frac{x^6}{6!}, \quad 1 - \frac{x^2}{2!} + \frac{x^4}{4!} - \frac{x^6}{6!} + \frac{x^8}{8!}$$

が $x = 0$ を中心に $\cos x$ を近似する様子を表わしているのが図 (a) である．項を増やすと近似の範囲が拡がることに注意．図 (b) は $\sin x$ を多項式が近似する様子を表わしている．

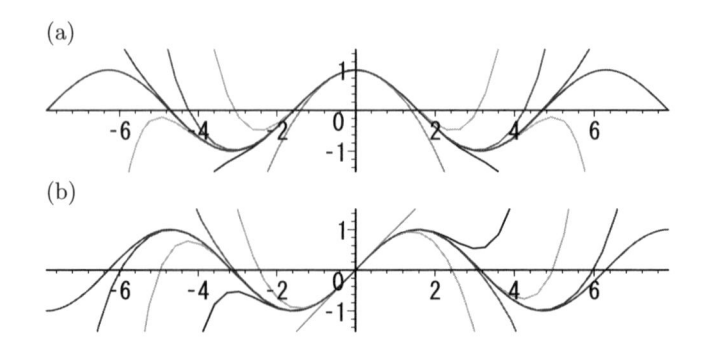

問 6.3.6 図 (b) で近似につかっている多項式を求めよ．

例題 6.3.2 $\sqrt{1+2x^2}$ の第 4 次マクローリン近似を求めよ．

解 $t = 2x^2$ とおくと $x = 0$ の近くでは t も 0 に近い．例題 6.3.1 で R を剰余項として $t = 0$ の近くで近似式 $\sqrt{1+t} = 1 + \frac{1}{2}t - \frac{1}{8}t^2 + R$ が成りたつことをみている．$t = 2x^2$ として $\sqrt{1+2x^2} = 1 + x^2 - \frac{1}{2}x^4 + R$ をえる．（剰余項は同じ R で表わした．） □

問 6.3.7 次の関数の x^4 までのマクローリン近似を求めよ（剰余項の詳しい形は不要）．

(1) $\cos 2x$ (2) 3^x (3) $\log(1-x^2)$ (4) $\dfrac{e^x - e^{-x}}{2}$

● 6.4 テイラー展開

べき級数 定数 $a, c_0, c_1, \ldots, c_n, \ldots$ があたえられたとき，形式的にとった無限和

$$\sum_{n=0}^{\infty} c_n(x-a)^n = c_0 + c_1(x-a) + c_2(x-a)^2 + \cdots + c_n(x-a)^n + \cdots$$

の表現を中心 $x = a$ の **べき級数** という．有限和の極限 $\lim_{n \to \infty} \sum_{k=0}^{n} c_k(x-a)^k$ が存在する x の範囲をべき級数が収束する範囲という．そこではある関数を表わしている．

例題 6.4.1 べき級数 $1 + x + x^2 + \cdots + x^n + \cdots$ は $-1 < x < 1$ で収束することを示せ．

解 $S_n = \sum_{k=0}^{n} x^k = 1 + x + \cdots + x^n$ とおくと

$$S_n - xS_n = (1 + x + \cdots + x^n) - (x + \cdots + x^n + x^{n+1})$$
$$= 1 - x^{n+1}$$

から $S_n = \dfrac{1 - x^{n+1}}{1-x}$ がわかる（等比数列の和）．
仮定 $|x| < 1$ から $\lim_{n \to \infty} x^{n+1} = 0$．よって，次をえる．

$$\sum_{n=0}^{\infty} x^n = \lim_{n \to \infty} S_n = \frac{1}{1-x} \qquad \square$$

問 6.4.1 (1) $\dfrac{1}{1+x}$ を開区間 $(-1, 1)$ で表わすべき級数を求めよ．

(2) $\dfrac{1}{x} = \dfrac{1}{1+(x-1)}$ を表わす中心 $x=1$ のべき級数と収束する範囲を求めよ.

(3) $\dfrac{1}{1-x^2}$ を中心 $x=0$ のべき級数で表わせ.

テイラー級数 $f(x)$ は無限回微分可能とする．テイラーの公式

$$f(x) = f(a) + \frac{f'(a)}{1!}(x-a) + \cdots + \frac{f^{(n-1)}(a)}{(n-1)!}(x-a)^{n-1} + R_n$$

で，もしある範囲 $|x-a| < r$ で $\lim_{n\to\infty} R_n = 0$ ならば $f(x)$ は中心 $x=a$ のべき級数

$$f(x) = f(a) + \frac{f'(a)}{1!}(x-a) + \cdots + \frac{f^{(n-1)}(a)}{(n-1)!}(x-a)^{n-1} + \cdots$$

で表わせる．$a=0$ のときマクローリン級数という．テイラー，マクローリン級数を求めることをそれぞれ**テイラー (Taylor) 展開**，**マクローリン (Maclaurin) 展開**という．

重要なマクローリン級数 $e^x, \sin x, \cos x$ のマクローリンの公式では任意に固定した x で

$$(*) \quad \lim_{n\to\infty} R_n = 0$$

が示せて，$-\infty < x < \infty$（実数全体）で次の展開が成りたつ.

1. $e^x = 1 + \dfrac{x}{1!} + \dfrac{x^2}{2!} + \dfrac{x^3}{3!} + \cdots + \dfrac{x^n}{n!} + \cdots$

2. (i) $\sin x = x - \dfrac{x^3}{3!} + \dfrac{x^5}{5!} - \cdots + (-1)^{n-1}\dfrac{x^{2n-1}}{(2n-1)!} + \cdots$

   (ii) $\cos x = 1 - \dfrac{x^2}{2!} + \dfrac{x^4}{4!} - \cdots + (-1)^n \dfrac{x^{2n}}{(2n)!} + \cdots$

$(1+x)^\alpha, \log(1+x)$ では $-1 < x < 1$ で $(*)$ がいえて，展開

3. $(1+x)^\alpha = 1 + \binom{\alpha}{1}x + \binom{\alpha}{2}x^2 + \cdots + \binom{\alpha}{n}x^n + \cdots$

4. $\log(1+x) = x - \dfrac{x^2}{2} + \dfrac{x^3}{3} - \dfrac{x^4}{4} + \cdots + \dfrac{(-1)^{n-1}x^n}{n} + \cdots$

が成りたつ.

問 6.4.2 上の展開をつかって次の関数のマクローリン展開を求めよ.

(1) 2^x (2) e^{-x+1}

(3) $\log(1+x^2)$ (4) $\cos x \cdot \sin x$

オイラー (Euler) の公式 マクローリン展開をつかえば指数関数の変数を複素数にも拡げられる．i を虚数単位 $i = \sqrt{-1}$ として，e^{ix}（x は実数）を

$$e^{ix} = 1 + \frac{ix}{1!} + \frac{(ix)^2}{2!} + \frac{(ix)^3}{3!} + \cdots + \frac{(ix)^n}{n!} + \cdots$$

で定義する．$i^2 = -1, i^3 = -i, i^4 = 1, i^5 = i, \ldots$ に注意すると

$$e^{ix} = 1 - \frac{x^2}{2!} + \frac{x^4}{4!} - \frac{x^6}{6!} + \cdots$$
$$+ i\left(x - \frac{x^3}{3!} + \frac{x^5}{5!} - \frac{x^7}{7!} + \cdots\right)$$

これと $\sin x, \cos x$ の展開を比べると次の関係がわかる．

―――・オイラー (**Euler**) の公式・―――

$$e^{ix} = \cos x + i\sin x$$

$e^{-ix} = \cos(-x) + i\sin(-x) = \cos x - i\sin x$ と合わせて次をえる．

$$\cos x = \frac{e^{ix} + e^{-ix}}{2}, \quad \sin x = \frac{e^{ix} - e^{-ix}}{2i}$$

指数法則は複素数にも拡張できるので次も成りたつ．

$$e^{\alpha + i\beta} = e^\alpha \cdot e^{i\beta} = e^\alpha(\cos\beta + i\sin\beta) \quad \alpha, \beta \text{ は実数}$$

問 6.4.3 (*) （ド・モアブルの公式）指数法則をつかって次を示せ．

$$(\cos\theta + i\sin\theta)^n = \cos n\theta + i\sin n\theta, \quad n = 1, 2, 3, \ldots$$

問 6.4.4 (*) 指数法則 $e^{i(\alpha+\beta)} = e^{i\alpha} \cdot e^{i\beta}$ をつかって三角関数の加法定理を示せ．

問 6.4.5 (*) $\dfrac{d}{dx}e^{(\alpha+i\beta)x} = (\alpha+i\beta) \cdot e^{(\alpha+i\beta)x}$ を示せ．

●6.5 ロピタルの定理

$f(a) = g(a) = 0$ のとき，極限値 $\displaystyle\lim_{x \to a} \frac{f(x)}{g(x)}$ の存在を判定する方法として**ロピタルの定理**がある．この説明のため次を準備する．

・平均値の定理の拡張・

$f(x), g(x)$ は $a \leqq x \leqq b$ で連続，$f'(x), g'(x)$ が $a < x < b$ で存在し，$g'(x) \neq 0$ とする．このとき
$$\frac{f(b) - f(a)}{g(b) - g(a)} = \frac{f'(c)}{g'(c)}, \quad a < c < b$$
となる c が少なくともひとつは存在する．

証明 $\quad F(x) = (f(b) - f(a))(g(x) - g(a)) - (f(x) - f(a))(g(b) - g(a))$

とおくと $F(a) = F(b) = 0$ が成りたつ．ロルの定理 (65 page) より $F'(c) = 0, a < c < b$ となる c がある．

$F'(x) = (f(b) - f(a)) \cdot g'(x) - f'(x) \cdot (g(b) - g(a))$ だから上の $x = c$ を代入して求める等式をえる．　□

定理 6.5.1（ロピタルの定理）　$f(x), g(x)$ は，$x = a$ を含むある区間で連続，かつ，$f'(x), g'(x)$ が存在し，$g'(x) \neq 0, f(a) = g(a) = 0$ とする．このとき

$$\lim_{x \to a} \frac{f(x)}{g(x)} = \lim_{x \to a} \frac{f'(x)}{g'(x)}$$

が成りたつ．つまり，右辺の極限値が存在するとき，左辺の極限値も存在して等しい．

略証　右辺の極限値を
$$\lim_{x \to a} \frac{f'(x)}{g'(x)} = \ell \qquad \cdots (*)$$
とおく．正数 $\delta > 0$ を任意にとり $\ell - \delta < \ell < \ell + \delta$ を考えると，$(*)$ から a に十分近い x については
$$\ell - \delta < \frac{f'(x)}{g'(x)} < \ell + \delta \qquad \cdots (1)$$
が成りたっているとできる．このような x で $a < x$ であるものをとると，仮定 $f(a) = g(a) = 0$ と平均値の定理の拡張により
$$\frac{f(x)}{g(x)} = \frac{f(x) - f(a)}{g(x) - g(a)} = \frac{f'(\xi)}{g'(\xi)}, \quad a < \xi < x$$
となる ξ がとれる．$0 < \xi - a < x - a$ から ξ も a に十分近いところにあり，(1) をみたしているとできて
$$\ell - \delta < \frac{f(x)}{g(x)} < \ell + \delta \qquad \cdots (2)$$
がいえる．$x < a$ のときも同様にして a に十分近い x について，(2) が成りたつことがわかる．$\delta > 0$ はいくらでも小さくとれて，その δ に合わせて a に十分近い x をとれば (2)

が成りたつようにできるので

$$\lim_{x \to a} \frac{f(x)}{g(x)} = \lim_{x \to a} \frac{f'(x)}{g'(x)}$$

がいえる． □

$\lim_{x \to a} f(x) = \lim_{x \to a} g(x) = \infty$ のときの $\lim_{x \to a} \frac{f(x)}{g(x)}$ にも同様の計算方法がある．$x \to \infty$ の場合を次の演習とする．

問 6.5.1 (*) 上の略証を参考にして次を示せ．

$f(x), g(x)$ は $x > 0$ で微分可能で，$g'(x) \neq 0$，$\lim_{x \to \infty} f(x) = \lim_{x \to \infty} g(x) = \infty$ とする．このとき

$$\lim_{x \to \infty} \frac{f(x)}{g(x)} = \lim_{x \to \infty} \frac{f'(x)}{g'(x)}$$

が成りたつ．

(hint: $\delta > 0$ を任意にあたえる．$\ell = \lim_{x \to \infty} \frac{f'(x)}{g'(x)}$ より $x_0 > 0$ を十分大きくとり $x \geqq x_0$ なら

$$\ell - \delta \leqq \frac{f'(x)}{g'(x)} \leqq \ell + \delta$$

となるようにできる．

$$\frac{f(x)}{g(x)} = \frac{f(x) - f(x_0) + f(x_0)}{g(x) - g(x_0) + g(x_0)} = \frac{\dfrac{f(x) - f(x_0)}{g(x) - g(x_0)} + \dfrac{f(x_0)}{g(x) - g(x_0)}}{1 + \dfrac{g(x_0)}{g(x) - g(x_0)}}$$

として，平均値の定理の拡張と

$$\lim_{x \to \infty} \frac{f(x_0)}{g(x) - g(x_0)} = 0, \quad \lim_{x \to \infty} \frac{g(x_0)}{g(x) - g(x_0)} = 0$$

となる事実をつかう．)

問 6.5.2 $\lim_{x \to \infty} \dfrac{x + \sin x}{x} = \lim_{x \to \infty} \dfrac{1 + \dfrac{\sin x}{x}}{1} = 1$ である一方で，分母・分子を微分した $\lim_{x \to \infty} \dfrac{1 + \cos x}{1}$ には極限が存在しない．これは前問に反する結果かどうか確かめよ．

問題

1. 極限値を求めよ．

(1) $\displaystyle\lim_{x\to +0} x\log x$ (2) $\displaystyle\lim_{x\to +0} x^x$ (3) $\displaystyle\lim_{x\to +\infty} x^{\frac{1}{x}}$

2. 極限値を求めよ．

(1) $\displaystyle\lim_{x\to 0}\frac{x}{\log(1+x)}$ (2) $\displaystyle\lim_{x\to 0}\frac{x^2}{1+x-e^x}$

(3) $\displaystyle\lim_{x\to 0}\frac{e^x-1-x-\frac{1}{2}x^2}{x^3}$ (4) $\displaystyle\lim_{x\to 0}\frac{e^{2x}-\cos 2x}{x}$

(5) $\displaystyle\lim_{x\to 0}\left(\frac{1}{x^2}-\frac{1}{\sin^2 x}\right)$ (6) $\displaystyle\lim_{x\to 0}\frac{\log\cos x}{x^2}$

(7) $\displaystyle\lim_{x\to 0}\frac{e^{x^2}-\cos x}{x\sin x}$ (8) $\displaystyle\lim_{x\to 0}\frac{e^x-e^{-x}-2x}{x^3}$

(9) $\displaystyle\lim_{x\to 0}\frac{(1+x)\sin x - x\cos x}{x^2}$

3. 次の関数の増減，凹凸を調べてグラフの概形を描け．

(1) $y=\dfrac{x^3}{3}+\dfrac{x^2}{2}+x$ (2) $y=x^4-2x^2$

(3) $y=\dfrac{1}{1+e^x}$ (4) $y=xe^x$

(5) $y=x^2 e^{-x}$ (6) $y=xe^{-x^2}$

(7) $y=e^x\cos x$ (8) $y=e^{-x}\sin x$

(9) $y=\log(1+x^2)$ (10) $y=x\log x \quad (x>0)$

(11) $y=\dfrac{e^x-e^{-x}}{e^x+e^{-x}}$ (12) $y=\tan^{-1}(3x)$

4. 定数 a,k,m により $f(x)=\dfrac{m}{1+ae^{-kx}}$ とおく．ただし $a>0, mk\neq 0$ とする．

(1) $mk>0$ のとき $f(x)$ は単調増加，$mk<0$ のとき $f(x)$ は単調減少であることを示せ．

(2) $f'(x)$ は次の等式をみたすことを示せ．

$$f'(x)=\frac{k}{m}(m-f(x))f(x)$$

(3) $f''(x)$ の符号と $\displaystyle\lim_{x\to\pm\infty}f(x)$ を調べて，グラフ $y=f(x)$ の概形を描け．

5. a, b, c, d は定数, $a \neq 0$ とする. グラフ $y = ax^3 + bx^2 + cx + d$ は変曲点を必ずひとつもつことを示せ.

6. a, b, c, e, f は定数, $a \neq 0$ とする. グラフ $y = ax^4 + bx^3 + cx^2 + ex + f$ について
   (1) 変曲点をふたつもつか, まったくもたないことを示せ.
   (2) 上のそれぞれの場合についてグラフの概形を描け.

7. $\lim_{x \to \infty} f'(x) = 1$ が成りたつとき, $\lim_{x \to \infty} (f(x+2) - f(x))$ を求めよ.

8. $^{(*)}$ $f(x)$ は2回微分可能で $f''(x) \neq 0$ とする. a, b を固定したとき, 平均値の定理
$$\frac{f(b) - f(a)}{b - a} = f'(c)$$
を成立させる c は1個しかないことを示せ.

9. $x > 0$ のとき, $\dfrac{1}{1+x} < \log(1+x) - \log x < \dfrac{1}{x}$ となることを示せ.

10. $0 \leq x_1 \leq x_2$ のとき, $x_2^3 - x_1^3 \leq 3x_2^2(x_2 - x_1)$ となることを示せ.

11. $x > 0$ のとき,
$$1 < \frac{e^x - 1}{x} < e^x$$
となることを示せ.

12. $^{(*)}$ 方程式 $x - \cos x = 0$ はただ1個の解をもつことを示せ.

13. $^{(*)}$ $f(x)$ は $x \geq a$ で連続, $x > a$ で微分可能とする.
$\lim_{x \to +\infty} f(x) = f(a)$ となるとき, $f'(c) = 0$ となる $c (> a)$ が存在することを示せ.

第7章 不定積分

● 7.1 原始関数

原始関数 次の章で定積分 $\int_a^b f(x)dx$ の定義と表わす量の意味を述べるが，その値は $F'(x) = f(x)$ となる関数をみつけて，

$$\int_a^b f(x)dx = F(b) - F(a)$$

という手順で求められる．

> $F'(x) = f(x)$ となるとき $F(x)$ を $f(x)$ の**原始関数**という．

例 $(\cos 2x)' = -2\sin 2x$ だから $-\dfrac{1}{2} \cdot \cos 2x$ は $\sin 2x$ の原始関数である．
また，$-\dfrac{1}{2}\cos 2x + 1$, $-\dfrac{1}{2}\cos 2x - 2$ も原始関数になる． □

$F(x)$ が $f(x)$ の原始関数なら $F(x) + C$（C は定数）も $f(x)$ の原始関数になる．原始関数の全体を**不定積分**といい，$\int f(x)dx$ と表わす．このとき $f(x)$ を**積分する**といい，積分される関数を**被積分関数**とよぶ．

> $F'(x) = f(x)$ のとき $\int f(x)dx = F(x) + C$, C は任意の定数

上の例では $\int \sin 2x\, dx = -\dfrac{1}{2}\cos 2x + C$.

C を **積分定数** という．このように原始関数を求めることは微分の結果を逆にたどることになる．したがって，いままでに現れた微分の公式を逆向きにみれば，積分でつかう公式が導ける．

$$\int kf(x)dx = k\int f(x)dx, \quad k \text{ は定数}$$

$$\int (f(x) \pm g(x))\, dx = \int f(x)dx \pm \int g(x)dx, \quad 複号同順$$

よくつかう関数の不定積分と，それらを導く微分をまとめておく．

不定積分	導関数
$\int x^n\, dx = \dfrac{x^{n+1}}{n+1} + C$, $n \neq -1$	$\left(\dfrac{x^{n+1}}{n+1}\right)' = x^n$, $n \neq -1$
$\int \dfrac{1}{x}\, dx = \log|x| + C$	$(\log|x|)' = \dfrac{1}{x}$
$\int e^{kx}\, dx = \dfrac{e^{kx}}{k} + C$, $k \neq 0$	$\left(\dfrac{e^{kx}}{k}\right)' = e^{kx}$, $k \neq 0$
$\int \sin kx\, dx = -\dfrac{\cos kx}{k} + C$, $k \neq 0$	$\left(-\dfrac{\cos kx}{k}\right)' = \sin kx$, $k \neq 0$
$\int \cos kx\, dx = \dfrac{\sin kx}{k} + C$, $k \neq 0$	$\left(\dfrac{\sin kx}{k}\right)' = \cos kx$, $k \neq 0$
$\int \dfrac{1}{\cos^2 x}\, dx = \tan x + C$	$(\tan x)' = \dfrac{1}{\cos^2 x}$
$\int \dfrac{1}{1+x^2}\, dx = \tan^{-1} x + C$	$(\tan^{-1} x)' = \dfrac{1}{1+x^2}$
$\int \dfrac{1}{\sqrt{1-x^2}}\, dx = \sin^{-1} x + C$	$(\sin^{-1} x)' = \dfrac{1}{\sqrt{1-x^2}}$

問 7.1.1 次の関数の不定積分を求めよ．

(1) $x^2 - 2x + 1$ (2) $\dfrac{x^5}{5}$ (3) $\sqrt[3]{x^2}$

(4) $\dfrac{1}{x\sqrt{x}}$ (5) $3\sin x - \sin 3x$ (6) e^{-2x}

(7) $\cos^2 x$ (8) $3\sin \dfrac{x}{3}$ (9) 3^x

(10)　$x(x^2-1)^2$　　　(11)　$(\sqrt{x}-1)^2$　　　(12)　$\tan^2 x$

● 7.2 　置換積分，変数変換

　$F'(x) = f(x)$ となる $F(x)$ を直接求める代わりに，ある関数を代入した $F(g(t))$ の微分から不定積分を求める方法がある．合成関数の微分

$$\frac{d}{dt}F(g(t)) = F'(g(t))g'(t) = f(g(t))g'(t)$$

は，$F(g(t))$ が，$f(g(t))g'(t)$ の原始関数であることを示す．

$$\int f(g(t))g'(t)dt = F(g(t)) + C$$

$g(t)$ を x に戻し，$F(x)$ が $f(x)$ の原始関数であることと合わせて，次の公式をえる．

・置換積分・

$$\int f(x)dx = \int f(g(t))g'(t)dt$$

　手順としては，$f(\cdot)$ 内の x を $g(t)$，dx を $dx = \dfrac{dx}{dt}dt = g'(t)dt$ で置き換えて，t のみの式にしてから原始関数を求める．必要なら逆関数の微分 $\dfrac{dx}{dt} = \dfrac{1}{\frac{dt}{dx}}$ もつかう．

例題 7.2.1　$I = \displaystyle\int \cos^2 x \sin x \, dx$ を求めよ．

解　$\cos x = t$ とおく．$\dfrac{dt}{dx} = -\sin x$ であるから

$$I = \int t^2 \sin x \frac{dx}{dt} dt = \int t^2 \sin x \frac{1}{\frac{dt}{dx}} dt = \int t^2 \sin x \frac{1}{-\sin x} dt$$

$$= -\int t^2 \, dt = -\frac{t^3}{3} + C = -\frac{\cos^3 x}{3} + C \quad \square$$

例　$F'(x) = f(x)$ のとき $f(ax + b)$，$a \neq 0$ の不定積分を求める．$t = ax + b$ とおくと $\dfrac{dx}{dt} = \dfrac{1}{a}$，

$$\int f(ax+b)dx = \int f(t)\frac{dx}{dt}dt = \int f(t)\frac{1}{a}dt$$

$$= \frac{1}{a}F(t) + C = \frac{1}{a}F(ax+b) + C \quad \square$$

例 対数微分 $(\log|f(x)|)' = \dfrac{f'(x)}{f(x)}$ を逆にみて，次が成りたつ．

$$\int \frac{f'(x)}{f(x)} dx = \log|f(x)| + C$$

これは $t = f(x)$ として置換積分でも導ける． $\square$

問 **7.2.1** 次の関数の不定積分を求めよ．

(1) $\sqrt{3x+1}$ (2) $(2x-1)^5$ (3) $x\sqrt{1+x^2}$
(4) $x\sin(x^2)$ (5) $\dfrac{1}{x\log x}$ (6) $\dfrac{x}{1+x^2}$
(7) xe^{x^2} (8) $\dfrac{1}{3+x^2}$ (9) $\dfrac{1}{\sqrt{1-3x^2}}$

● 7.3 部分積分

積の微分公式 $(f(x)g(x))' = f'(x)g(x) + f(x)g'(x)$ から部分積分の公式が導かれる．まず，微分が $(f(x)g(x))'$ になる関数は明らかに $f(x)g(x)$ であるから

$$f(x)g(x) = \int f'(x)g(x)dx + \int f(x)g'(x)dx$$

左辺と右辺を入れ替えて第 2 項を移項すると部分積分の公式をえる．

・部分積分・

$$\int f'(x)g(x)dx = f(x)g(x) - \int f(x)g'(x)dx$$

例 不定積分 $I = \displaystyle\int 2xe^x dx$ は $I = \displaystyle\int (x^2)' e^x dx$ あるいは $I = \displaystyle\int 2x(e^x)' dx$ の 2 通りに書き直せる．前者は

$$I = \int (x^2)' e^x dx = x^2 e^x - \int x^2 (e^x)' dx$$

となり，x の次数が増えてより複雑な積分になってしまう．一方，

$$I = \int 2x(e^x)' dx = 2xe^x - \int (2x)' e^x dx$$
$$= 2xe^x - \int 2e^x dx = 2xe^x - 2e^x + C$$

となり，不定積分がえられる．ふたつの関数の積のうち，微分で表わす関数の選び方が部分積分では重要になる． □

例 $\log x$ の不定積分は部分積分により求められる．

$$\int \log x\, dx = \int 1 \cdot \log x\, dx = \int x' \log x\, dx$$
$$= x \log x - \int x(\log x)' dx = x \log x - \int x \cdot \frac{1}{x} dx$$
$$= x \log x - \int 1\, dx = x \log x - x + C \quad □$$

問 7.3.1 次の関数の不定積分を求めよ．

(1) xe^{-x} (2) xe^{3x} (3) $x \cos x$
(4) $x^2 e^x$ (5) $x(x+1)^5$ (6) $\log(x+1)$
(7) $x^2 \log x$ (8) $(x+1)e^{x+1}$ (9) $x^2 \sin 2x$

例 $I = \int e^x \cos x\, dx$ の計算には部分積分を 2 回繰り返す．

$$I = \int (e^x)' \cos x\, dx = e^x \cos x - \int e^x (-\sin x) dx$$
$$= e^x \cos x + \int (e^x)' \sin x\, dx = e^x \cos x + e^x \sin x - \int e^x \cos x\, dx$$
$$= e^x \cos x + e^x \sin x - I + C$$

I について解き，積分定数を書き直して

$$I = \frac{e^x \cos x + e^x \sin x}{2} + C \quad □$$

問 7.3.2 次の関数の不定積分を求めよ．

(1) $e^x \sin x$ (2) $e^{2x} \cos 3x$ (3) $e^{-x} \sin(x-1)$

● 7.4　有理関数の積分

有理関数 $\int \dfrac{ax+b}{px^2+qx+r} dx\ (p \neq 0)$ について，次のふたつの場合が基本となる．

$a \neq 0$ とする.

(I) $\displaystyle \int \frac{1}{x^2 - a^2} dx = \frac{1}{2a} (\log|x-a| - \log|x+a|) + C$

$\displaystyle \qquad\qquad\qquad = \frac{1}{2a} \log \frac{|x-a|}{|x+a|} + C$

(II) $\displaystyle \int \frac{1}{x^2 + a^2} dx = \frac{1}{a} \tan^{-1} \frac{x}{a} + C$

(I) $x^2 - a^2 = 0$ は異なる2実解 $a, -a$ をもつので $x^2 - a^2 = (x-a)(x+a)$ と因数分解できる. 分数式の和

$$\frac{A}{x-a} + \frac{B}{x+a} = \frac{A(x+a) + B(x-a)}{(x-a)(x+a)}$$

が

$$\frac{1}{x^2 - a^2} = \frac{1}{(x-a)(x+a)}$$

を表わすためには $(A+B)x + aA - aB$ が定数1 となればよい. $A+B=0, aA-aB=1$ を解いて $A = \dfrac{1}{2a}, B = -\dfrac{1}{2a}$ がえられ,

$$\int \frac{1}{x^2 - a^2} dx = \frac{1}{2a} \int \left(\frac{1}{x-a} - \frac{1}{x+a} \right) dx \quad \text{(部分分数分解)}$$

とできて, (I) をえる.

(II) 分母は $x^2 + a^2 \geqq a^2 > 0$ で 0 になることはない. このときは $a=1$ の場合に帰着させ, $\tan^{-1}$ で不定積分が求まるようにする. $x = at$ として $\dfrac{dx}{dt} = a$,

$$\int \frac{1}{x^2 + a^2} dx = \frac{1}{a^2} \int \frac{1}{\left(\dfrac{x}{a}\right)^2 + 1} dx = \frac{1}{a} \int \frac{1}{t^2 + 1} dt$$

積分したあと, 変数を x にもどして (II) をえる.

例題 7.4.1 次の関数の不定積分を求めよ.

(1) $\dfrac{3x+1}{x^2 - 2x - 3}$ 　　(2) $\dfrac{1}{x^2 - 2x + 3}$ 　　(3) $\dfrac{1}{x^2 - 2x + 1}$

解 (1) 部分分数分解から始める.

$$\frac{3x+1}{x^2 - 2x - 3} = \frac{3x+1}{(x-3)(x+1)} = \frac{a}{x-3} + \frac{b}{x+1}$$

となる a, b を求めると $a = \dfrac{5}{2}$, $b = \dfrac{1}{2}$. したがって

$$\int \frac{3x+1}{x^2-2x-3}dx = \frac{5}{2}\int \frac{1}{x-3}dx + \frac{1}{2}\int \frac{1}{x+1}dx$$
$$= \frac{5}{2}\log|x-3| + \frac{1}{2}\log|x+1| + C$$

(2) 分母を標準形に変形することから始める.

$$\int \frac{1}{x^2-2x+3}dx = \int \frac{1}{(x-1)^2+2}dx = \frac{1}{2}\int \frac{1}{1+\left(\dfrac{x-1}{\sqrt{2}}\right)^2}dx$$
$$= \frac{1}{\sqrt{2}}\tan^{-1}\frac{x-1}{\sqrt{2}} + C$$

ここで変数変換 $t = \dfrac{x-1}{\sqrt{2}}$ をつかった.

(3) (I), (II) のどちらでもない場合になる. $t = x - 1$ とおいて

$$I = \int \frac{1}{(x-1)^2}dx = \int t^{-2}dt = \frac{1}{(-2)+1}t^{-1} + C$$
$$= -\frac{1}{x-1} + C \quad \square$$

問 7.4.1 次の関数の不定積分を求めよ.

(1) $\dfrac{x}{x^2-3x+2}$ (2) $\dfrac{1}{4x^2+4x+1}$ (3) $\dfrac{1}{9x^2+6x+2}$

例 $\dfrac{x}{x^2+2x+2}$ は部分分数に分解できないが, $(x^2+2x+2)' = 2x+2$ なので次のように変形する.

$$\frac{x}{x^2+2x+2} = \frac{\dfrac{1}{2}(2x+2)-1}{x^2+2x+2} = \frac{1}{2}\cdot\frac{2x+2}{x^2+2x+2} - \frac{1}{(x+1)^2+1}$$
$$\int \frac{x}{x^2+2x+2}dx = \frac{1}{2}\int \frac{2x+2}{x^2+2x+2}dx - \int \frac{1}{x^2+2x+2}dx$$
$$= \frac{1}{2}\int \frac{(x^2+2x+2)'}{x^2+2x+2}dx - \int \frac{1}{(x+1)^2+1}dx$$
$$= \frac{1}{2}\log(x^2+2x+2) - \tan^{-1}(x+1) + C \quad \square$$

問 7.4.2 次の関数の不定積分を求めよ.

(1) $\dfrac{x+1}{x^2+2}$ (2) $\dfrac{x+2}{4x^2+4x+1}$ (3) $\dfrac{x^2+x+1}{x^2+2}$

分母が3, 4次のとき 部分分数分解で分母が1, 2次の場合に帰着させる．計算例を挙げておく．

例題 7.4.2 次の関数の不定積分を求めよ．

(1) $\displaystyle\int \frac{1}{x^3+1}dx$ (2) $\displaystyle\int \frac{1}{x^4+4}dx$

略解 (1) $x^3+1 = (x+1)(x^2-x+1)$ と因数分解できるので分数式の和

$$\frac{A}{x+1} + \frac{Bx+C}{x^2-x+1} = \frac{A(x^2-x+1)+(Bx+C)(x+1)}{(x+1)(x^2-x+1)}$$

が $\displaystyle\frac{1}{x^3+1} = \frac{1}{(x+1)(x^2-x+1)}$ を表わすように A, B, C を決める．

$$\frac{1}{x^3+1} = \frac{1}{3(x+1)} + \frac{-x+2}{3(x^2-x+1)}$$

として，これまでの例題の計算法を参考にすれば

$$\int \frac{1}{x^3+1}dx = \frac{1}{3}\int \frac{1}{x+1}dx + \frac{1}{3}\int \frac{-\frac{1}{2}(2x-1)+\frac{3}{2}}{x^2-x+1}dx$$
$$= \frac{1}{3}\log|x+1| - \frac{1}{6}\log(x^2-x+1) + \frac{1}{\sqrt{3}}\tan^{-1}\frac{2}{\sqrt{3}}\left(x-\frac{1}{2}\right) + C$$

をえる．

(2) $x^4+4 = (x^2+2)^2 - 4x^2 = \left(x^2+2+2x\right)\left(x^2+2-2x\right)$ だから部分分数分解

$$\frac{1}{x^4+4} = \frac{Ax+B}{x^2+2x+2} + \frac{Cx+D}{x^2-2x+2}$$

により

$$\frac{1}{x^4+4} = \frac{\frac{1}{8}x+\frac{1}{4}}{x^2+2x+2} + \frac{-\frac{1}{8}x+\frac{1}{4}}{x^2-2x+2}$$

(1) と同じく次をえる．

$$\int \frac{1}{x^4+4}dx = \frac{1}{16}\log(x^2+2x+2) + \frac{1}{8}\tan^{-1}(x+1)$$
$$- \frac{1}{16}\log(x^2-2x+2) + \frac{1}{8}\tan^{-1}(x-1) + C \quad \square$$

問 7.4.3 例題 7.4.2 の略解を補って完全な解とせよ．

問 7.4.4 次の関数の不定積分を求めよ．

(1) $\displaystyle\frac{1}{x^3-1}$ (2) $\displaystyle\frac{x}{x^3+1}$ (3) $\displaystyle\frac{1}{(x^2+1)(x^2+2)}$ (4) $\displaystyle\frac{x^2}{x^4+4}$

三角関数の有理式 $\sin x, \cos x$ の分数式の不定積分は変数変換 $t = \tan\dfrac{x}{2}$ で t についての有理関数の不定積分になる.

問 7.4.5 $t = \tan\dfrac{x}{2}$ のとき $\cos x = \dfrac{1-t^2}{1+t^2}, \sin x = \dfrac{2t}{1+t^2}$ となることを示せ.

例題 7.4.3 不定積分 $\displaystyle\int \dfrac{1}{\sin x} dx$ を求めよ.

解 $t = \tan\dfrac{x}{2}$ とおくと $\dfrac{x}{2} = \tan^{-1} t, \dfrac{dx}{dt} = \dfrac{2}{1+t^2}$ となり，問 7.4.5 の結果をつかって次をえる.

$$\int \frac{1}{\sin x} dx = \int \frac{1}{\dfrac{2t}{1+t^2}} \frac{2}{1+t^2} dt = \int \frac{1}{t} dt$$

$$= \log|t| + C = \log\left|\tan\frac{x}{2}\right| + C \quad \square$$

問 7.4.6 次の関数の不定積分を求めよ.

(1) $\dfrac{1 + \sin x}{\cos x}$ (2) $\dfrac{1}{\cos x}$ (3) $\dfrac{1}{1 + \tan x}$ (4) $\dfrac{1}{\sin x + \cos x}$

● 7.5 無理関数の積分

根号内が 1 次関数のとき 被積分関数が x と 1 次式の n 乗根 $\sqrt[n]{px+q}\ (p \neq 0)$ で表わされるとする. $t = \sqrt[n]{px+q}$ とおくと

$$x = \frac{t^n - q}{p}, \quad \frac{dx}{dt} = \frac{nt^{n-1}}{p}$$

となり，t についての有理関数の不定積分になる.

例題 7.5.1 不定積分 $\displaystyle\int \dfrac{1}{x + 2\sqrt{x-1}} dx$ を求めよ.

解 $t = \sqrt{x-1}$ とおくと $x = t^2 + 1, \dfrac{dx}{dt} = 2t$ だから

$$\int \frac{1}{x + 2\sqrt{x-1}} dx = \int \frac{1}{t^2 + 1 + 2t} 2t\, dt = \int \frac{2(t+1) - 2}{(t+1)^2} dt$$

$$= 2\log|t+1| + 2(t+1)^{-1} + C$$

$$= 2\log\left(\sqrt{x-1} + 1\right) + \frac{2}{\sqrt{x-1} + 1} + C \quad \square$$

問 7.5.1 次の関数の不定積分を求めよ.

(1) $\sqrt{x} - \dfrac{1}{\sqrt{x}}$ (2) $\dfrac{1}{x\sqrt{x+1}}$ (3) $\dfrac{1}{x + \sqrt[3]{x}}$

根号内が 2 次関数のとき $\sqrt{x^2+1}, \sqrt{1-x^2}$ の不定積分を説明する.

一般の $\int \sqrt{px^2+qx+r}\,dx$ は多くの場合,変数変換で上のどちらかに帰着できる.

例題 7.5.2 $\int \dfrac{1}{\sqrt{x^2+1}}dx = \log\left(x+\sqrt{x^2+1}\right)+C$ を示せ.

解 $t = x + \sqrt{x^2+1}$ とおくと
$$\frac{1}{t} = \frac{1}{x+\sqrt{x^2+1}} = -x+\sqrt{x^2+1}$$

この 2 式から
$$x = \frac{1}{2}\left(t-\frac{1}{t}\right), \quad \sqrt{x^2+1} = \frac{1}{2}\left(t+\frac{1}{t}\right)$$

がわかる.置換積分により
$$\int \frac{1}{\sqrt{x^2+1}}dx = \int \frac{1}{\frac{1}{2}\left(t+\frac{1}{t}\right)} \frac{1}{2}\left(1+\frac{1}{t^2}\right)dt$$
$$= \int \frac{1}{t}dt = \log\left(x+\sqrt{x^2+1}\right)+C$$

をえる. □

問 7.5.2 (i) 部分積分により次を示せ.
$$\int \sqrt{x^2+1}\,dx = x\sqrt{x^2+1} - \int \frac{x^2}{\sqrt{x^2+1}}dx$$

(ii) 上の等式と例題 7.5.2 の結果をつかって $\int \sqrt{x^2+1}\,dx$ を求めよ.

問 7.5.3 (i) 部分積分により次を示せ.
$$\int \sqrt{1-x^2}\,dx = x\sqrt{1-x^2} + \int \frac{x^2}{\sqrt{1-x^2}}\,dx$$

(ii) 上の等式をつかって $\int \sqrt{1-x^2}\,dx$ を求めよ.

問 7.5.4 次の関数の不定積分を求めよ.

(1) $\dfrac{1}{\sqrt{x^2-x+4}}$ (2) $\sqrt{x^2-x+4}$

(3) $\sqrt{1-x-x^2}$ (4) $\sqrt{2x-x^2}$

問題

1. 示された置換で次の不定積分を求めよ．

    (1) $\displaystyle\int \sin(5x+1)dx, \quad u = 5x+1$

    (2) $\displaystyle\int \sin\sqrt{x+1}\,dx, \quad u = \sqrt{x+1}$

    (3) $\displaystyle\int x\cos\left(x^2\right)dx, \quad u = x^2$

    (4) $\displaystyle\int (3x+2)^5\,dx, \quad u = 3x+2$

    (5) $\displaystyle\int \frac{1}{x^2+5}dx, \quad u = \frac{x}{\sqrt{5}}$

    (6) $\displaystyle\int \left(2-\cos\frac{x}{3}\right)^3 \sin\frac{x}{3}dx, \quad u = 2-\cos\frac{x}{3}$

2. 置換した後に部分積分をおこない，次の不定積分を求めよ．

    (1) $\displaystyle\int \cos\sqrt{x+1}\,dx$ (2) $\displaystyle\int e^{\sqrt{2x+1}}\,dx$ (3) $\displaystyle\int \left(x^9+3x^3\right)e^{-x^2}dx$

3. 関数 $f(x)$ が逆関数 $f^{-1}(x)$ をもつとき，等式 $\displaystyle\int f^{-1}(x)dx = \int yf'(y)dy$ を示せ．
    (hint: $y = f^{-1}(x)$ とする．)

4. 不定積分を求めよ．

    (1) $\displaystyle\int \sin^{-1} x\,dx$ (2) $\displaystyle\int \tan^{-1} x\,dx$ (3) $\displaystyle\int \log_{10} x\,dx$

5. 次の不定積分を求めよ．

    (1) $x\sqrt[3]{1+x^2}$ (2) $x\cos(x^2+2)$ (3) $\dfrac{\log^5 x}{x}$

    (4) $\dfrac{1}{e^x+e^{-x}}$ (5) $\dfrac{1+x}{\sqrt{1-x^2}}$ (6) $x(\log x)^2$

    (7) $\dfrac{\tan^3 x}{\cos^2 x}$ (8) $\dfrac{x^2}{x^3+1}$ (9) $\dfrac{1}{x^3-2x+1}$

    (10) $\dfrac{e^x-e^{-x}}{e^x+e^{-x}}$ (11) $\dfrac{\cos x}{\sin^2 x - \sin x}$ (12) $\dfrac{1}{x^4-x^2}$

    (13) $\dfrac{1}{x^4-3x^2+1}$ (14) $\sin\sqrt{x}$ (15) $x\tan^{-1}(1+x)$

    (16) $\sin(\log x)$ (17) $\log(1+x^2)$ (18) $\dfrac{1}{\cos^2\sqrt{x}}$

6. $F'(x) = f(x)$ のとき次の不定積分を求めよ．

(1) $\displaystyle\int f\left(t^2\right) t\,dt$ 　　(2) $\displaystyle\int f(\cos\theta)\sin\theta\,d\theta$

7. $^{(*)}$ 2以上の自然数 n に対し，$I_n = \displaystyle\int \sin^n x\,dx$ とおく．
$I_n = \displaystyle\int \sin^{n-1} x \sin x\,dx$ として部分積分により，次の漸化式を導け．
$$I_n = -\frac{1}{n}\sin^{n-1} x \cos x + \frac{n-1}{n} I_{n-2}$$

8. $^{(*)}$ 次の漸化式を示せ．
(1) $I_n = \displaystyle\int \tan^n x\,dx$ に対して
$$I_n = \frac{1}{n-1}\tan^{n-1} x - I_{n-2}$$

(2) $I_n = \displaystyle\int x^n e^{ax}\,dx,\ a \neq 0$ に対して
$$I_n = \frac{x^n e^{ax}}{a} - \frac{n}{a} I_{n-1}$$

(3) $I_n = \displaystyle\int (\log x)^n\,dx$ に対して
$$I_n = x(\log x)^n - n I_{n-1}$$

(4) $I_n = \displaystyle\int x^m (\log x)^n\,dx,\ m \neq -1$ に対して
$$I_n = \frac{x^{m+1}(\log x)^n}{m+1} - \frac{n}{m+1} I_{n-1}$$

第8章 定積分

● 8.1 定積分の定義

近似和 区間 $[a,b] = \{a \leqq x \leqq b\}\,(a<b)$ を考える．

$$a = x_0 < x_1 < x_2 < \cdots < x_{n-1} < x_n = b$$

と点 $x_i, i=1,\cdots,n-1$ を選ぶことで区間 $[a,b]$ のひとつの**分割**が定まる．これを分割 P とよび，

$$P: a = x_0 < x_1 < x_2 < \cdots < x_{n-1} < x_n = b$$

で表わす．分割 P でできる小区間 $[x_{j-1}, x_j]$ の長さ $\delta_j = x_j - x_{j-1}$ の中で最大の値

$$m(P) = \max\{\delta_j; j=1,\ldots,n\}$$

を分割 P の**分割の大きさ**とよび，左辺 $m(P)$ で表わす．

関数 $f(x)$ が $[a,b]$ で定義されているとする．分割 P の各小区間 $[x_{j-1}, x_j]$ から点 ξ_j を任意に選ぶ（$x_{j-1} \leqq \xi_j \leqq x_j$）．

関数値 $f(\xi_j)$ と区間の長さ $\delta_j = x_j - x_{j-1}$ との積 $f(\xi_j)\delta_j$ をつくり，総和

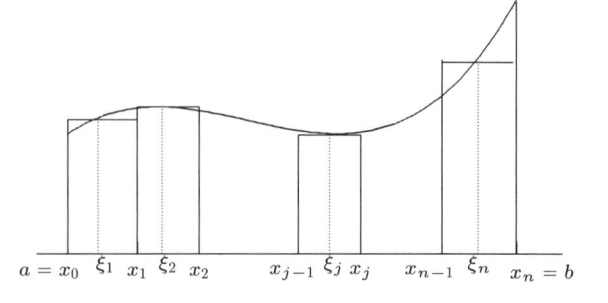

$$S(P) = \sum_{j=1}^{n} f(\xi_j)\delta_j = \sum_{j=1}^{n} f(\xi_j)(x_j - x_{j-1})$$

をとる．

この $S(P)$ を分割 P に付随したひとつの**近似和**とよぶ．分割 P と点 ξ_j の選び方により $S(P)$ の値は変わりえる．

定積分 分点の個数を増やして分割 P の大きさを 0 に近づけるとする $(m(P) \to 0)$．このとき，どのように分点 x_j や ξ_i を選んでも近似和 $S(P)$ がある一定の値 I に近づく，すなわち

$$\lim_{m(P) \to 0} S(P) = \lim_{m(P) \to 0} \sum_{j=1}^{n} f(\xi_j)\delta_j = I$$

となるならば，$f(x)$ は $[a,b]$ で**積分可能**であるという．値 I を $f(x)$ の $[a,b]$ での**定積分**とよび，

$$I = \int_a^b f(x)dx$$

で表わす．

記号 a, b をそれぞれ定積分 $\int_a^b f(x)dx$ の**下端**と**上端**，$f(x)$ を**被積分関数**という．$\int_a^b f(x)dx$ の値を求めることを，$[a,b]$ で $f(x)$ を積分するという．x は積分する範囲 $[a,b]$ を示す変数なので他の文字で表わしても定積分の値は変わらない．

$$\int_a^b f(x)dx = \int_a^b f(t)dt = \int_a^b f(u)du \quad \text{etc.}$$

定義からすぐにわかる事柄を挙げる．

・基本性質 I・

$f(x)$ が $[a,b]$ で積分可能，$a < c < b$ であるとき

i) $\displaystyle\int_a^b f(x)dx = \int_a^c f(x)dx + \int_c^b f(x)dx, \quad a \leqq c \leqq b$

が成りたつ．

略証 $m(P) \to 0$ とするから，分割 P の分点に常に点 c を選んでおいてもかまわない．

$$P : a = x_0 < x_1 < x_2 < \cdots < x_\ell = c < \cdots < x_{n-1} < x_n = b$$

このとき，近似和 $S(P)$ は

$$\sum_{j=1}^{n} f(\xi_j)(x_j - x_{j-1}) = \sum_{j=1}^{\ell} f(\xi_j)(x_j - x_{j-1}) + \sum_{j=\ell+1}^{n} f(\xi_j)(x_j - x_{j-1})$$

と分けられる．$m(P) \to 0$ のとき部分区間 $[a,c]$, $[c,b]$ の分割の大きさも 0 に近づき，両辺の極限を考えれば，i) がわかる． □

両端が $a > b$, $a = b$ のときは次の取り決めを設ける．

---
ii) $\displaystyle\int_b^a f(x)dx = -\int_a^b f(x)dx$

iii) $\displaystyle\int_a^a f(x)dx = 0$

この取り決めにより，基本性質 I の i) は a, b, c がどのように並んでいても成りたつことになる．

・基本性質 II・

$f(x), g(x)$ が $[a,b]$ で積分可能であるとき，$kf(x)$（k は定数）および $f(x) \pm g(x)$ も $[a,b]$ で積分可能であり，次が成りたつ．

iv) $\displaystyle\int_a^b kf(x)dx = k\int_a^b f(x)dx$

v) $\displaystyle\int_a^b (f(x) \pm g(x))dx = \int_a^b f(x)dx \pm \int_a^b g(x)dx$, 　複号同順

略証 近似和で

$$\sum_{j=1}^n kf(\xi_j)(x_j - x_{j-1}) = k\sum_{j=1}^n f(\xi_j)(x_j - x_{j-1}),$$

$$\sum_{j=1}^n (f(\xi_j) \pm g(\xi_j))(x_j - x_{j-1})$$
$$= \sum_{j=1}^n f(\xi_j)(x_j - x_{j-1}) \pm \sum_{j=1}^n g(\xi_j)(x_j - x_{j-1})$$

が成りたっているので，それぞれで $m(P) \to 0$ として iv), v) がわかる． □

また，関数の大小関係も定積分の結果に保たれる．

・基本性質 III・

区間 $[a,b]$ で $f(x) \geqq g(x)$ ならば $\displaystyle\int_a^b f(x)dx \geqq \int_a^b g(x)dx$, 特に $f(x) \geqq 0$ ならば

$\int_a^b f(x)dx \geqq 0$ がいえる.それぞれ等号は恒等的に $f(x) = g(x)$, $f(x) = 0$ のときのみ成りたつ.

近似和で
$$\sum_{j=1}^n (f(\xi_j) - g(\xi_j))(x_j - x_{j-1}) \geqq 0$$
が成りたつことと,上の v) からわかる. □

定理 8.1.1 区間 $[a,b]$ で $f(x)$ が連続ならば,$[a,b]$ で積分可能である.

証明は関数の連続性についての立ち入った議論を必要とするので,ここでは事実として認めるものとする.

区間 $[a,b]$ で $f(x)$ が連続ならば,$\left|\int_a^b f(x)dx\right| \leqq \int_a^b |f(x)|\,dx$

$-|f(x)| \leqq f(x) \leqq |f(x)|$ から
$$-\int_a^b |f(x)|dx \leqq \int_a^b f(x)dx \leqq \int_a^b |f(x)|dx$$
がわかり,これから
$$\int_a^b f(x)dx \leqq \int_a^b |f(x)|dx, \quad -\int_a^b f(x)dx \leqq \int_a^b |f(x)|dx$$
がいえる.これより求める不等式が導ける. □

例題 8.1.1 $f(x)$ が区間 $[a,b]$ で連続であるとき,次を示せ.
$$\int_a^b f(x)dx = \lim_{n\to\infty} \sum_{j=1}^n f\left(a + (j-1)\frac{b-a}{n}\right)\frac{b-a}{n}$$
$$= \lim_{n\to\infty} \sum_{j=1}^n f\left(a + j\cdot\frac{b-a}{n}\right)\frac{b-a}{n}$$

解 定理 8.1.1 により $\int_a^b f(x)dx$ の値は存在する.$[a,b]$ の n 等分を分割 P としてとると分点 x_j は $x_j = a + j\cdot\frac{b-a}{n}$, $j = 0, 1, 2, \ldots, n$.

小区間 $\left[a+(j-1)\cdot\dfrac{b-a}{n},\, a+j\cdot\dfrac{b-a}{n}\right]$ の左端を ξ_j に選ぶと近似和は

$$S(P) = \sum_{j=1}^{n} f\left(a+(j-1)\cdot\frac{b-a}{n}\right)\frac{b-a}{n}$$

右端を ξ_j に選ぶと

$$S(P) = \sum_{j=1}^{n} f\left(a+j\cdot\frac{b-a}{n}\right)\frac{b-a}{n}$$

となる．$m(P) = \dfrac{b-a}{n}$ だから $n\to\infty$ とすると $m(P)\to 0$ になり，求める結果をえる． $\square$

例題 8.1.2 次を示せ．

i) $\displaystyle\int_a^b k\,dx = k(b-a)$, k は定数 　　 ii) $\displaystyle\int_a^b x\,dx = \dfrac{b^2-a^2}{2}$

解 i) 任意の分割 $P: a=x_0<x_1<x_2<\cdots<x_{n-1}<x_n=b$ に対して

$$\begin{aligned}
S(P) &= k(x_1-x_0)+k(x_2-x_1)+\cdots+k(x_n-x_{n-1})\\
&= k\left\{(x_1-x_0)+(x_2-x_1)+\cdots+(x_n-x_{n-1})\right\}\\
&= k(x_n-x_0) = k(b-a)
\end{aligned}$$

となるので結果が従う．

ii) 例題 8.1.1 をつかう．

$$\begin{aligned}
\int_a^b x\,dx &= \lim_{n\to\infty}\sum_{j=1}^{n}\left(a+j\cdot\frac{b-a}{n}\right)\frac{b-a}{n}\\
&= \lim_{n\to\infty}\left(a\cdot n+\frac{n(n+1)}{2}\cdot\frac{b-a}{n}\right)\frac{b-a}{n}\\
&= \lim_{n\to\infty}\left(a(b-a)+\frac{(b-a)^2}{2}\cdot\frac{n+1}{n}\right)=\frac{b^2-a^2}{2} \quad \square
\end{aligned}$$

問 8.1.1 定積分の値を求めよ．

(1) $\displaystyle\int_0^1 (x+1)dx$ 　　 (2) $\displaystyle\int_0^1 (2x-1)dx$ 　　 (3) $\displaystyle\int_0^1 x^2 dx$

定理 8.1.2 $[a,b]$ で $f(x)$ は積分可能，$m\leqq f(x)\leqq M$ をみたす定数 m,M があるとする．このとき，次が成りたつ．

$$m(b-a) \leqq \int_a^b f(x)dx \leqq M(b-a)$$

証明 積分が大小関係を保つことから

$$\int_a^b m\,dx \leqq \int_a^b f(x)dx \leqq \int_a^b M\,dx$$

がいえる．m, M は定数だから例題 8.1.2 の i) により

$$\int_a^b m\,dx = m(b-a), \quad \int_a^b M\,dx = M(b-a)$$

となるので求める不等式をえる．　□

定理 8.1.3（積分の平均値の定理） $f(x)$ が $[a,b]$ で連続ならば

$$\int_a^b f(x)dx = f(c)(b-a), \quad a \leqq c \leqq b$$

をみたす c が存在する．

証明 $[a,b]$ での $f(x)$ の最小値と最大値をそれぞれ m, M とする．$m \leqq f(x) \leqq M$ だから定理 8.1.2 により

$$m \leqq \frac{1}{b-a}\int_a^b f(x)dx \leqq M$$

値 $\dfrac{1}{b-a}\int_a^b f(x)dx$ は関数 $f(x)$ が $[a,b]$ でとる最大値と最小値の間にあるので，中間値の定理により求める c の存在がわかる．　□

問 8.1.2 次の不等式を示せ．

(1) $\dfrac{1}{4} < \displaystyle\int_0^1 \dfrac{x}{1+x^2}dx < \dfrac{1}{2}$ 　　(2) $\dfrac{1}{e} < \displaystyle\int_0^1 e^{-x^2}dx < 1$

● 8.2　微積分の基本定理

$f(x)$ は a を含むある開区間で連続とする．a に近い x に対して，定積分

$$S(x) = \int_a^x f(t)dt$$

の値を対応させる関数を考える．

定理 8.2.1（微積分の基本定理 I） $f(x)$ が連続であるとすると

$$S'(x) = \frac{d}{dx}\int_a^x f(t)dt = f(x)$$

が成りたつ．

証明 $h > 0$ とする．基本性質 I の iii) と積分の平均値の定理により，

$$\frac{S(x+h) - S(x)}{h}$$
$$= \frac{1}{h}\left\{\int_a^x f(t)dt + \int_x^{x+h} f(t)dt - \int_a^x f(t)dt\right\}$$
$$= \frac{1}{h}\int_x^{x+h} f(t)dt = f(c) \quad (x \leqq c \leqq x+h)$$

とできる．$h \to 0$ とすると $c \to x$ となり連続性により，

$$S'(x) = \lim_{h \to 0} \frac{S(x+h) - S(x)}{h} = f(x)$$

がわかる．$h < 0$ のときも $x + h < x$ に注意して

$$\frac{S(x+h) - S(x)}{h} = \frac{1}{h}\left(-\int_{x+h}^x f(t)dt\right)$$

これから同様に示せる． □

定理 8.2.2（微積分の基本定理 II） $F(x)$ は $f(x)$ の原始関数とする $(F'(x) = f(x))$．このとき

$$\int_a^b f(x)dx = F(b) - F(a)$$

が成りたつ．

証明 $S(x) = \int_a^x f(t)dt$ とし，$g(x) = S(x) - F(x)$ とおく．平均値の定理により，$g(b) - g(a) = g'(c)(b - a)$ $(a < c < b)$ となる c が存在するが，定理 8.2.1 により

$$g'(x) = S'(x) - F'(x) = f(x) - f(x) = 0$$

となり，$g(b) - g(a) = S(b) - F(b) - (S(a) - F(a)) = 0$ がわかる．

$S(a) = \int_a^a f(t)dt = 0$ に注意して求める等式をえる． □

$F'(x) = f(x)$ のとき，定積分の値を計算する手順を

$$\int_a^b f(x)dx = [F(x)]_a^b = F(b) - F(a)$$

という記号で表わす．

例題 8.2.1 次の定積分の値を求めよ．

(1) $\displaystyle\int_0^\pi \sin x\,dx$ 　　(2) $\displaystyle\int_1^2 x^4\,dx$

解 (1) $\displaystyle\int_0^\pi \sin x\,dx = [-\cos x]_0^\pi = 2$ 　　(2) $\displaystyle\int_1^2 x^4\,dx = \left[\dfrac{x^5}{5}\right]_1^2 = \dfrac{31}{5}$ 　□

問 8.2.1 次の定積分の値を求めよ．

(1) $\displaystyle\int_{-\frac{1}{2}}^{\frac{1}{2}} \dfrac{1}{\sqrt{1-x^2}}dx$ 　　(2) $\displaystyle\int_0^{\frac{\pi}{4}} \tan x\,dx$ 　　(3) $\displaystyle\int_{-1}^1 \dfrac{1}{4-x^2}dx$

(4) $\displaystyle\int_0^2 |x^2 - x|\,dx$ 　　(5) $\displaystyle\int_{-2}^2 (x^3+x^2)dx$ 　　(6) $\displaystyle\int_{-\sqrt{2}}^{\sqrt{2}} \dfrac{1}{2+x^2}dx$

問 8.2.2 次の微分を計算せよ．

(1) $\dfrac{d}{dx}\displaystyle\int_0^{x+1} t^2\,dt$ 　　(2) $\dfrac{d}{dx}\displaystyle\int_x^{2x} t^3\,dt$

(3) $\dfrac{d}{dx}\displaystyle\int_0^{x+1} e^{t^2}\,dt$ 　　(4) $\dfrac{d}{dx}\displaystyle\int_0^{2x} (t+1)\tan t\,dt$

● 8.3 定積分の計算

置換積分　$F'(x) = f(x)$ とすると

$$\int_a^b f(x)dx = [F(x)]_a^b = F(b) - F(a)$$

である．一方，$[p,q]$ で定義され，$g(p)=a, g(q)=b$ をみたす関数 $x=g(t)$ を $F(x)$ に代入すると

$$\frac{d}{dt}F(g(t)) = F'(g(t))\,g'(t) = f(g(t))g'(t)$$

だから

$$\int_p^q f(g(t))\,g'(t)dt = [F(g(t))]_p^q = F(g(q)) - F(g(p)) = F(b) - F(a)$$

―・定積分の変数変換・―

$g(p)=a, g(q)=b$ をみたす $g(t)$ により $x=g(t)$ とすると

$$\int_a^b f(x)dx = \int_p^q f(g(t))\,g'(t)dt$$

左辺の dx は $\dfrac{dx}{dt}dt = g'(t)dt$ に置き換わる．

例題 8.3.1 定積分の値を求めよ．

(1) $\int_{-1}^{1} (ax+b)^3 \, dx, \quad a \neq 0$ (2) $\int_{\frac{1}{2}}^{\frac{3}{2}} \frac{1}{\sqrt{2x-x^2}} dx$

解 (1) $t = ax + b$ とおく．

$$\int_{-1}^{1} (ax+b)^3 \, dx = \int_{-a+b}^{a+b} t^3 \frac{1}{a} dt = \frac{1}{a} \left[\frac{1}{4} t^4 \right]_{-a+b}^{a+b}$$
$$= \frac{1}{4a} \left((a+b)^4 - (-a+b)^4 \right) = 2a^2 b + 2b^3$$

(2) $x = 1 + \sin t$ とおくと

$$\sqrt{2x - x^2} = \sqrt{1 - \sin^2 t} = \sqrt{\cos^2 t}, \quad \frac{dx}{dt} = \cos t$$

x が $\frac{1}{2}$ から $\frac{3}{2}$ まで増加するとき，$\sin t$ は $-\frac{1}{2}$ から $\frac{1}{2}$ まで増加する．したがって，t は $-\frac{\pi}{6}$ から $\frac{\pi}{6}$ まで増加するとしてよい．このとき $\cos t \geqq 0$ だから

$$\int_{\frac{1}{2}}^{\frac{3}{2}} \frac{1}{\sqrt{2x-x^2}} dx = \int_{-\frac{\pi}{6}}^{\frac{\pi}{6}} \frac{1}{\cos t} \cos t \, dt = \frac{\pi}{3} \quad \square$$

問 8.3.1 次の定積分の値を求めよ．

(1) $\int_{0}^{1} \frac{x}{1+x^2} dx$ (2) $\int_{3}^{5} \frac{x}{\sqrt{x-2}} dx$ (3) $\int_{0}^{\frac{\pi}{2}} \cos^2 x \sin x \, dx$

(4) $\int_{0}^{1} x e^{-x^2} dx$ (5) $\int_{1}^{2} (x-2)^2 \sqrt{x-1} \, dx$ (6) $\int_{1}^{e^2} \frac{\log^3 x}{x} dx$

例題 8.3.2 (1) $f(x)$ が偶関数： $f(-x) = f(x)$ のとき，次を示せ．

$$\int_{-a}^{a} f(x) dx = 2 \int_{0}^{a} f(x) dx$$

(2) $f(x)$ が奇関数： $f(-x) = -f(x)$ のとき，次を示せ．

$$\int_{-a}^{a} f(x) dx = 0$$

解 (1) $\int_{-a}^{a} f(x) dx = \int_{-a}^{0} f(x) dx + \int_{0}^{a} f(x) dx$ としてから最初の積分で変数変換 $x = -x'$ をおこなう．$\frac{dx}{dx'} = -1, f(-x') = f(x')$ をつかって

$$\int_{-a}^{0} f(x) dx = \int_{a}^{0} f(-x')(-1) dx' = \int_{0}^{a} f(x') dx'$$

がわかり，求める等式をえる．

(2) 上と同様に区間を分けてから $f(-x') = -f(x')$ をつかうと

$$\int_{-a}^0 f(x)dx = \int_a^0 f(-x')(-1)dx' = -\int_0^a f(x')dx'$$

となり，求める等式をえる． □

問 8.3.2 次の定積分の値を求めよ．

(1) $\displaystyle\int_{-1}^1 \frac{x}{1+x^2}dx$ (2) $\displaystyle\int_{-1}^1 \frac{1}{1+x^2}dx$ (3) $\displaystyle\int_{-\frac{\pi}{2}}^{\frac{\pi}{2}} \cos x \sin^2 x\, dx$

(4) $\displaystyle\int_{-1}^1 (x+1)^3\, dx$ (5) $\displaystyle\int_{-1}^1 (x^2-1)^2\, dx$ (6) $\displaystyle\int_{-1}^1 \sin^2 \pi x\, dx$

問 8.3.3 次の等式を示せ．

(1) $\displaystyle\int_0^a f(x)dx = \int_0^a f(a-x)dx$

(2) $\displaystyle\int_0^{\frac{\pi}{2}} f(\sin x)dx = \int_0^{\frac{\pi}{2}} f(\cos x)dx$

部分積分 積の微分

$$(f(x)g(x))' = f'(x)g(x) + f(x)g'(x)$$

の両辺を区間 $[a,b]$ で積分する．

$$\int_a^b (f(x)g(x))'\, dx = \int_a^b f'(x)g(x)dx + \int_a^b f(x)g'(x)dx$$

左辺の被積分関数 $(f(x)g(x))'$ の原始関数は $f(x)g(x)$ だから，微積分の基本定理により

$$\int_a^b (f(x)g(x))'\, dx = [f(x)g(x)]_a^b = f(b)g(b) - f(a)g(a)$$

となり，上の等式は

$$[f(x)g(x)]_a^b = \int_a^b f'(x)g(x)dx + \int_a^b f(x)g'(x)dx$$

右辺と左辺を入れ替えて移項すれば次をえる．

・定積分の部分積分・

$$\int_a^b f'(x)g(x)dx = [f(x)g(x)]_a^b - \int_a^b f(x)g'(x)dx$$
$$= f(b)g(b) - f(a)g(a) - \int_a^b f(x)g'(x)dx$$

例題 8.3.3 定積分の値を求めよ.

(1) $\displaystyle\int_a^b (a-x)(x-b)dx$ (2) $\displaystyle\int_{\frac{1}{2}}^{\frac{3}{2}} x\sin \pi x\, dx$

解 (1) $-\left(\dfrac{(a-x)^2}{2}\right)' = a-x$ をつかう.

$$\int_a^b (a-x)(x-b)dx = \int_a^b \left(-\left(\frac{(a-x)^2}{2}\right)\right)'(x-b)dx$$
$$= \left[-\left(\frac{(a-x)^2}{2}\right)(x-b)\right]_a^b - \int_a^b \left(-\left(\frac{(a-x)^2}{2}\right)\right)\cdot 1\, dx$$
$$= \left[-\frac{(a-x)^3}{6}\right]_a^b = \frac{(b-a)^3}{6}$$

(2) $\displaystyle\int_{\frac{1}{2}}^{\frac{3}{2}} x\sin\pi x\, dx = \int_{\frac{1}{2}}^{\frac{3}{2}} x\left(-\frac{1}{\pi}\cos\pi x\right)' dx$
$$= \left[x\left(-\frac{1}{\pi}\cos\pi x\right)\right]_{\frac{1}{2}}^{\frac{3}{2}} - \int_{\frac{1}{2}}^{\frac{3}{2}} 1\cdot\left(-\frac{1}{\pi}\cos\pi x\right)dx$$
$$= \left[\frac{1}{\pi^2}\sin\pi x\right]_{\frac{1}{2}}^{\frac{3}{2}} = -\frac{2}{\pi^2} \quad \square$$

問 8.3.4 次の定積分の値を求めよ.

(1) $\displaystyle\int_0^{\log 2} xe^x dx$ (2) $\displaystyle\int_0^{\sqrt{3}} x\tan^{-1}x\, dx$

(3) $\displaystyle\int_0^{e^2-1} \log(x+1)dx$ (4) $\displaystyle\int_0^{\frac{\pi}{4}} \frac{x}{\cos^2 x}dx$

(5) $\displaystyle\int_0^{\frac{\pi}{6}} e^x \cos^2 x\, dx$ (6) $\displaystyle\int_0^{\sqrt{3}} \tan^{-1}x\, dx$

テイラー展開 第6章で平均値の定理の拡張として微分の範囲内でテイラーの定理を導いたが, 定積分をつかえば効率よく導出できる. 理論組み立てよりも展開の実用性を優先させるためにこの方法がよくつかわれる. 実際に微積分の基本定理を

$$f(x) = f(a) + \int_a^x \frac{df}{dt}dt = f(a) - \int_a^x \left(\frac{x-t}{1!}\right)' f^{(1)}(t)dt$$

と書き換えると, 部分積分により

$$f(x) = f(a) + \frac{x-a}{1!}f^{(1)}(a) + \int_a^x \frac{x-t}{1!} f^{(2)}(t)dt$$

が導ける．さらに必要な回数だけ $f(x)$ は微分可能で各階の導関数が連続であるとすると，部分積分を繰り返して

$$f(x) = f(a) + \frac{f'(a)}{1!}(x-a) + \cdots + \frac{f^{(n)}(a)}{n!}(x-a)^n + R_{n+1} \qquad (8.1)$$

が成りたつ．ここで剰余項 R_{n+1} は

$$R_{n+1} = \frac{1}{n!}\int_a^x (x-t)^n f^{(n+1)}(t)dt = \frac{1}{n!}\int_a^x (x-t)^n \frac{d^{n+1}f}{dt^{n+1}}(t)dt$$

であたえられる．

問 8.3.5 $^{(*)}$ 数学的帰納法により (8.1) を導け．

剰余項は使用目的により，表現の方法が変わる．

$$R_{n+1} = \frac{1}{n!}\int_a^x (x-t)^n f^{(n+1)}(t)dt = \frac{(x-c)^{n-p+1}f^{(n+1)}(c)}{n!\,p}(x-a)^p$$

これを Roche – Schlömilch（ロシェ–シュレーミルヒ）の剰余項とよぶ．ここで $0 < p \leqq n+1$, c は a と x の間の実数である．$p = n+1, p = 1$ としたときの

$$\frac{1}{(n+1)!}f^{(n+1)}(c)(x-a)^{n+1}, \quad \frac{1}{n!}(x-c)^n f^{(n+1)}(c)(x-a)$$

をそれぞれ Lagrange（ラグランジュ），Cauchy（コーシー）の剰余項とよぶ．

問 8.3.6 $^{(*)}$ これらの剰余項を積分の平均値の定理により導け．

● 8.4　区分求積と面積

分割した小区間の幅と関数値の積の総和をとる，さらに細分して同様のことを繰り返す，定積分を定義するこの手続きを**区分求積法**という．

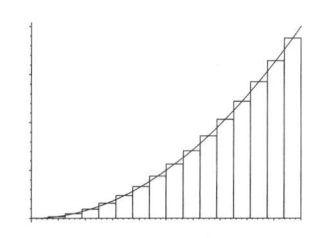

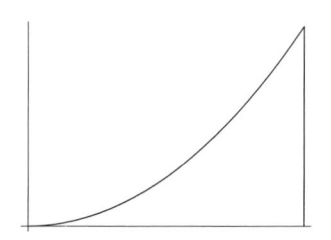

$f(x) \geqq 0$ のとき，上左図は区間を 16 等分割し小区間の中点での関数値を高さとする細長方形の面積の和を図示している．分割を細かくしていくと，細長方形の上辺がつくる折線は $y = f(x)$ のグラフに近づき，小長方形の面積の合計は右図グラフ下の面積に収束する．

$f(x) \geqq 0$ とする．定積分
$$\int_a^b f(x)dx$$
の値は，グラフ $y = f(x)$ と x 軸が囲む図形の $x = a$ と $x = b$ の間にある部分の面積を表わす．

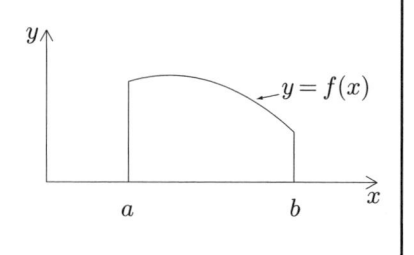

$a \leqq x \leqq b$ で $g(x) \leqq f(x)$ のとき
$$\int_a^b (f(x) - g(x))dx = \int_a^b ((f(x) + C) - (g(x) + C))\, dx$$
が，ふたつのグラフ $y = f(x)$ と $y = g(x)$ と直線 $x = a, x = b$ が囲む領域の面積を表わすことが図からわかる．

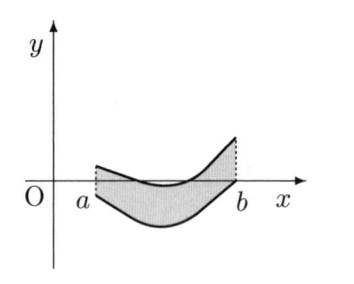

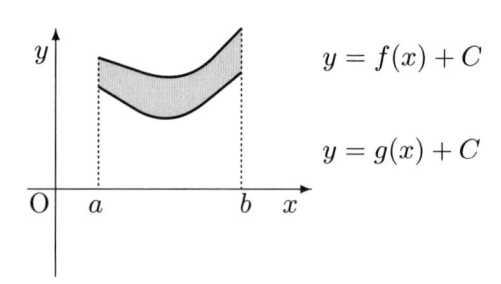

例 $x \geqq 0$ で $y = 2x$ と $y = x^3 - x$ が囲む領域の面積．

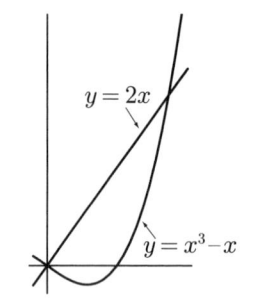

$$\int_0^{\sqrt{3}} \left(2x - (x^3 - x)\right) dx$$
$$= \int_0^{\sqrt{3}} \left(3x - x^3\right) dx = \frac{9}{4}$$

問 8.4.1 面積を考えることにより次の値を求めよ．

(1) $\displaystyle\int_{-2}^2 (2 - |x|)dx$ (2) $\displaystyle\int_{-2}^2 (x + 2)dx$ (3) $\displaystyle\int_{-2}^2 (|x| - x)dx$

問 8.4.2 次の曲線または直線で囲まれた領域の面積を求めよ．

(1) 曲線 $y = x^2$ と $y^2 = x$．
(2) 区間 $[0, \pi]$ で曲線 $y = \sin 2x$ と $y = \sin x$．
(3) 曲線 $y = e^x$ と $y = e^{-x}$ と直線 $x = \log 2$．

8.5 積分の応用

体積 平行な2平面にはさまれた空間図形を考える．2平面はx軸と$x = a, x = b\ (a < b)$で直交しているとする．

座標xでx軸と直交する平面が立体から切り取る面積を$S(x)$とするとき，2平面$x = a, x = b$内の立体の体積Vは次の定積分であたえられる．

$$V = \int_a^b S(x)dx$$

[略証] 座標xおよび$x + \Delta x$でx軸に直交する2平面をとり，立体の2平面間の部分を考える．

$\Delta x > 0$を十分に小さくとればこの部分は底面積$S(x)$, 厚さΔxの板状の立体とみなせて，その体積を$S(x)\Delta x$で近似できる．

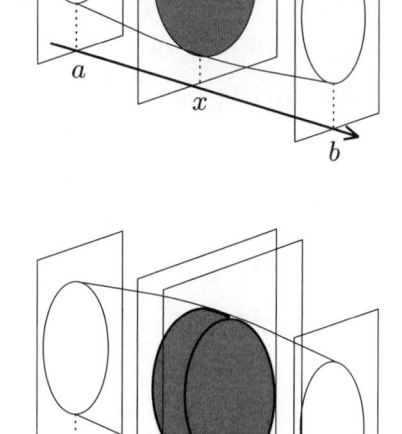

区間$a \leqq x \leqq b$をn等分した近似和

$$S(x_0)\Delta x + S(x_1)\Delta x + \cdots + S(x_{n-1})\Delta x$$
$$= \sum_{k=1}^{n} S(a + (k-1)\Delta x)\Delta x$$

$$x_k = a + (k-1)\Delta x,\ k = 1, 2, \ldots, n, \quad \Delta x = \frac{b-a}{n}$$

は立体の体積の近似値になっている．分割した板状の立体の集まりは$n \to \infty$の極限ではもとの空間図形に近づき，

$$\lim_{n \to \infty} \sum_{k=1}^{n} S(a + (k-1)\Delta x)\Delta x = \int_a^b S(x)dx$$

は立体の体積を表わすことになる． □

例題 8.5.1 底面積がSの四角形を底面とする高さhの四角錐の体積は$\frac{1}{3}Sh$であることを示せ．

[解] 頂点を原点Oにとり，底面に直交するようにx軸をとる．

座標xでx軸に直交する平面による断面の四角形の面積を$S(x)$とする．

面積の比は長さの2乗の比になるので $\dfrac{S(x)}{S} = \dfrac{x^2}{h^2}$.

断面積は $S(x) = \dfrac{x^2}{h^2}S$ となり，求める体積は

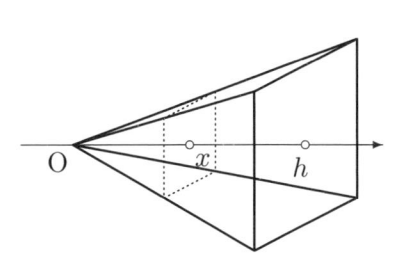

$$\int_0^h \dfrac{x^2}{h^2}S dx = \dfrac{1}{h^2}S\left[\dfrac{1}{3}x^3\right]_0^h = \dfrac{1}{3}Sh \quad \square$$

問 8.5.1 空間内で次の4点を頂点とする四面体の体積を求めよ．

(1) O$(0,0,0)$, A$(1,0,0)$, B$(0,1,0)$, C$(0,0,1)$

(2) A$(1,0,0)$, B$(-1,0,0)$, C$(0,2,0)$, D$(3,2,2)$

問 8.5.2 底面積 S，高さ h の錐体（平面図形の各点と頂点を結ぶ線分全体のつくる立体）の体積を求めよ．

回転体の体積 区間 $[a,b]$ 上の関数 $y=f(x)$ のグラフを x 軸のまわりに回転させてできる立体を考える．

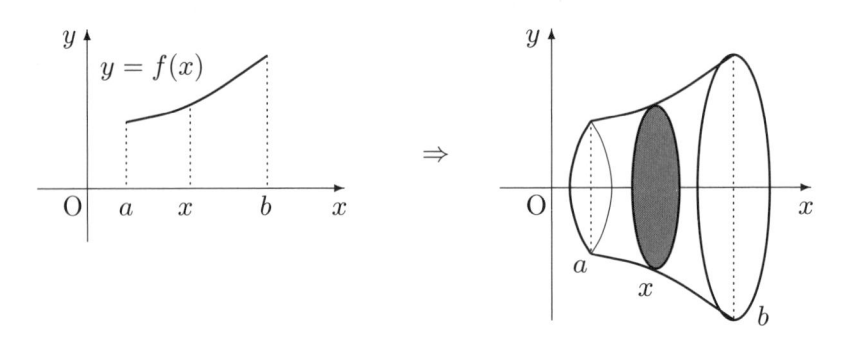

点 x での断面は，半径 $f(x)$ の円で断面積は $\pi(f(x))^2$ になるので，回転体の体積 V は

$$V = \int_a^b \pi(f(x))^2 dx$$

で計算できる．

問 8.5.3 次の回転体の体積を求めよ．

(1) 区間 $[0,1]$ 上でグラフ $y=x^2$ を x 軸のまわりに回転させてできる回転体．

(2) 区間 $[0,1]$ 上でグラフ $y=x^2$ を y 軸のまわりに回転させてできる回転体．

問 8.5.4 円 $(x-2)^2 + (y-2)^2 = 1$ を x 軸のまわりに回転させてできる回転体の体積を求めよ．

曲線の長さ　区間 $[a,b]$ で $f(x)$ は連続な導関数 $f'(x)$ をもつとする．分割

$$P : a = x_0 < x_1 < x_2 < \cdots < x_{n-1} < x_n = b$$

をとり，曲線 $y = f(x)$ の長さを，分点

$$P_j(x_j, f(x_j)),\ j = 1, \ldots, n$$

を結ぶ折れ線の長さで近似してみる．

三平方の定理から線分 $P_j P_{j-1}$ の長さは，$x_j - x_{j-1} > 0$ に注意して

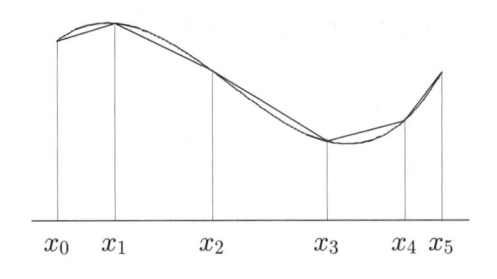

$$P_j P_{j-1} = \sqrt{(x_j - x_{j-1})^2 + (f(x_j) - f(x_{j-1}))^2}$$
$$= \sqrt{1 + \left(\frac{f(x_j) - f(x_{j-1})}{x_j - x_{j-1}}\right)^2} (x_j - x_{j-1})$$

と表わせる．平均値の定理により

$$P_j P_{j-1} = \sqrt{1 + (f'(\xi_j))^2} (x_j - x_{j-1}),\quad x_{j-1} < \xi_j < x_j$$

となる ξ_j がとれる．折れ線の長さ $\ell_P = P_1 P_0 + P_2 P_1 + \cdots + P_n P_{n-1}$ は

$$\ell_P = \sum_{j=1}^n P_j P_{j-1} = \sum_{j=1}^n \sqrt{1 + (f'(\xi_j))^2} (x_j - x_{j-1}),$$

$$x_{j-1} < \xi_j < x_j,\ j = 1, 2, \ldots, n$$

と表わせて，分割の大きさ $m(P)$ を 0 に近づけると，折れ線はもとの曲線 $y = f(x)$ に近づき，その長さが定積分

$$\lim_{m(P) \to 0} \sum_{j=1}^n \sqrt{1 + (f'(\xi_j))^2} (x_j - x_{j-1}) = \int_a^b \sqrt{1 + (f'(x))^2}\, dx$$

であたえられることがわかる．

例題 8.5.2　放物線 $y = x^2$ の $0 \leqq x \leqq 1$ の部分の長さを求めよ．

解　定積分 $I = \displaystyle\int_0^1 \sqrt{1 + (2x)^2}\, dx$ を計算すればよい．
$t = 2x$ として $I = \dfrac{1}{2} \displaystyle\int_0^2 \sqrt{1 + t^2}\, dt$. 不定積分

$$\int \sqrt{1 + t^2}\, dt = \frac{1}{2}\left(t\sqrt{1 + t^2} + \log\left(t + \sqrt{1 + t^2}\right)\right) + C$$

(93 page, 問 7.5.2 参照) により，求める値は

$$I = \frac{1}{4}\left[t\sqrt{1+t^2} + \log\left(t + \sqrt{1+t^2}\right)\right]_0^2 = \frac{1}{4}\left(2\sqrt{5} + \log\left(2+\sqrt{5}\right)\right) \qquad \square$$

問 8.5.5 次の曲線の長さを求めよ．

(1) $y = x\sqrt{x}, \quad 0 \leqq x \leqq 1$ 　　(2) $y = \dfrac{x^2}{4} - \dfrac{1}{2}\log x, \quad 1 \leqq x \leqq 2$

(3) $y = \log \sin x, \quad \dfrac{\pi}{4} \leqq x \leqq \dfrac{3\pi}{4}$ 　　(4) $y = \dfrac{e^x + e^{-x}}{2}, \quad 0 \leqq x \leqq 1$

● 8.6　広義積分

　定積分の範囲が有限区間でない，あるいは定積分の区間が被積分関数の不連続点を含む，そのような場合を**広義積分**という．

端点で不連続の場合　関数 $f(x)$ は $(a,b]$ で連続，$x = a$ で値が定まらないものとする．$a < c < b$ として a での右側極限値

$$\lim_{c \to a+0} \int_c^b f(x) dx$$

が存在するとき，$(a,b]$ で $f(x)$ は広義積分可能，広義積分

$$\int_a^b f(x) dx = \lim_{c \to a+0} \int_c^b f(x) dx$$

は存在するという．$f(x)$ は $[a,b)$ で連続，$x = b$ で値が定まらないときも $a < c < b$ として b での左側極限値

$$\lim_{c \to b-0} \int_a^c f(x) dx$$

が存在すれば，広義積分可能という．

　(a,b) で連続，両端 $x = a, b$ で値が定まらないときも同様に

$$\lim_{c_1 \to a+0} \lim_{c_2 \to b-0} \int_{c_1}^{c_2} f(x) dx$$

が求まれば，広義積分可能という．

例題 8.6.1 広義積分可能ならばその値を求めよ．

(1) $\displaystyle\int_0^1 \dfrac{1}{x} dx$ 　　(2) $\displaystyle\int_0^1 \dfrac{1}{\sqrt{x}} dx$

解 (1) $\int_0^1 \frac{1}{x}dx = \lim_{c \to +0}\int_c^1 \frac{1}{x}dx = \lim_{c \to +0}[\log x]_c^1 = \lim_{c \to +0}(-\log c) = \infty$

広義積分可能でない.

(2) $\int_0^1 \frac{1}{\sqrt{x}}dx = \lim_{c \to +0}\int_c^1 \frac{1}{\sqrt{x}}dx = \lim_{c \to +0}[2\sqrt{x}]_c^1 = \lim_{c \to +0}2(1-\sqrt{c}) = 2$

広義積分可能でその値は 2. □

例題 8.6.2　$\int_{-1}^1 \frac{1}{\sqrt{1-x^2}}dx$ は広義積分可能である. その値を求めよ.

解
$$\int_{-1}^1 \frac{1}{\sqrt{1-x^2}}dx = \lim_{c_1 \to -1+0}\lim_{c_2 \to 1-0}\int_{c_1}^{c_2} \frac{1}{\sqrt{1-x^2}}dx$$
$$= \lim_{c_1 \to -1+0}\lim_{c_2 \to 1-0}[\sin^{-1} x]_{c_1}^{c_2}$$
$$= \lim_{c_1 \to -1+0}\lim_{c_2 \to 1-0}\left(\sin^{-1} c_2 - \sin^{-1} c_1\right)$$
$$= \sin^{-1} 1 - \sin^{-1}(-1) = \frac{\pi}{2} - \left(-\frac{\pi}{2}\right) = \pi \quad □$$

問 8.6.1　次の広義積分の値を求めよ.

(1) $\int_0^1 \frac{1}{\sqrt[3]{x}}dx$　　(2) $\int_0^1 \log x\, dx$　　(3) $\int_0^1 \frac{1}{\sqrt{x-x^2}}dx$

例題 8.6.3　$\alpha > 0$ のとき, 広義積分 $\int_0^1 \frac{1}{x^\alpha}dx$ の存在を判定せよ.

解　$\alpha \neq 1$ とすると $0 < c < 1$ のとき

$$\int_c^1 \frac{1}{x^\alpha}dx = \left[\frac{1}{1-\alpha}x^{-\alpha+1}\right]_c^1 = \frac{1}{1-\alpha}\left(1-c^{1-\alpha}\right)$$

となる. $c \to +0$ とするとき, c の指数 $1-\alpha$ の正負により

$$\lim_{c \to +0}c^{1-\alpha} = \begin{cases} +\infty & (1-\alpha < 0) \\ 0 & (1-\alpha > 0) \end{cases}$$

がわかるから, 例題 8.6.1 の結果と合わせて

$$\int_0^1 \frac{1}{x^\alpha}dx = \begin{cases} +\infty & (\alpha \geqq 1) \\ \dfrac{1}{1-\alpha} & (0 < \alpha < 1) \end{cases}$$

$0 < \alpha < 1$ なら広義積分可能, $\alpha \geqq 1$ のとき広義積分は存在しない. □

定理 8.6.1（広義積分可能の判定） ある区間 $(0, b], b > 0$ で $f(x)$ は連続であるとする．

I) ある正数 M と $0 < \alpha < 1$ があって

$$0 \leqq f(x) \leqq \frac{M}{x^\alpha}, \quad 0 < x \leqq b$$

が成りたつとき，広義積分 $\int_0^b f(x) dx$ は存在する．

II) ある正数 M と $\alpha \geqq 1$ があって

$$\frac{M}{x^\alpha} \leqq f(x), \quad 0 < x \leqq b$$

が成りたつとき，広義積分 $\int_0^b f(x) dx$ は存在しない．

略証 どちらの場合も区間 $[\varepsilon, b], 0 < \varepsilon < b$ で

$$\text{I)} \quad 0 \leqq \int_\varepsilon^b f(x) dx \leqq M \int_\varepsilon^b \frac{1}{x^\alpha} dx, \quad \text{II)} \quad M \int_\varepsilon^b \frac{1}{x^\alpha} dx \leqq \int_\varepsilon^b f(x) dx$$

が成りたち，$\varepsilon \to +0$ として例題 8.6.3 の結果から結論できる． □

問 8.6.2 広義積分可能かどうかを判定せよ．値は特に求めなくてもよい．

(1) $\displaystyle\int_0^1 \frac{1}{x \log x} dx$ (2) $\displaystyle\int_0^1 (\log x)^2 dx$ (3) $\displaystyle\int_0^1 \frac{\log x}{x} dx$

有限区間でない場合 $[a, \infty)$ で $f(x)$ は連続であるとする．区間 $[a, b], b > a$ での定積分 $\displaystyle\int_a^b f(x) dx$ に対して

$$\lim_{b \to \infty} \int_a^b f(x) dx = I$$

となる実数 I があるとき，$[a, \infty)$ で $f(x)$ は広義積分可能または広義積分が存在するといい，

$$\int_a^\infty f(x) dx = \lim_{b \to \infty} \int_a^b f(x) dx = I$$

と表わす．

例題 8.6.4 広義積分可能ならばその値を求めよ．

(1) $\displaystyle\int_1^\infty \frac{1}{x} dx$ (2) $\displaystyle\int_0^\infty \frac{1}{1+x^2} dx$

解 (1) $\displaystyle\int_1^\infty \frac{1}{x} dx = \lim_{b \to \infty} \int_1^b \frac{1}{x} dx = \lim_{b \to \infty} [\log x]_1^b = \lim_{b \to \infty} \log b = \infty$

広義積分可能ではない.

(2) $\displaystyle\int_0^\infty \frac{1}{1+x^2}dx = \lim_{b\to\infty}\int_0^b \frac{1}{1+x^2}dx = \lim_{b\to\infty}\left[\tan^{-1}x\right]_0^b$
$\displaystyle = \lim_{b\to\infty}\left(\tan^{-1}b - \tan^{-1}0\right) = \lim_{b\to\infty}\tan^{-1}b = \frac{\pi}{2}$

広義積分可能,その値は $\dfrac{\pi}{2}$. □

$(-\infty, a]$, $(-\infty, \infty)$ での広義積分も同様に定義する.

$$\int_{-\infty}^a f(x)dx = \lim_{b\to -\infty}\int_b^a f(x)dx$$

$$\int_{-\infty}^\infty f(x)dx = \lim_{a\to\infty}\lim_{b\to -\infty}\int_b^a f(x)dx$$

──── ・比較による収束の判定・ ────

$f(x), g(x)$ は $[a, \infty)$ で連続で $0 \leqq f(x) \leqq g(x)$ とする.

I) $\displaystyle\int_a^\infty g(x)dx$ が存在すれば,$\displaystyle\int_a^\infty f(x)dx$ も存在する.

II) $\displaystyle\int_a^\infty f(x)dx = +\infty$ ならば,$\displaystyle\int_a^\infty g(x)dx = +\infty$ で存在しない.

例題 8.6.5 $\displaystyle\int_1^\infty e^{-x}dx$ の存在することを認めて,$\displaystyle\int_0^\infty e^{-x^2}dx$ の存在を示せ.

解 $x \geqq 1$ で $x^2 \geqq x$,$-x^2 \leqq -x$ であるから

$$\int_0^\infty e^{-x^2}dx = \int_0^1 e^{-x^2}dx + \int_1^\infty e^{-x^2}dx$$
$$\leqq \int_0^1 e^{-x^2}dx + \int_1^\infty e^{-x}dx$$

右辺は有限の値で存在し,$\displaystyle\int_0^\infty e^{-x^2}dx$ も存在する. □

問 8.6.3 $\displaystyle\int_1^\infty e^{-x}dx$ を求めよ.

問 8.6.4 (1) $0 \leqq \alpha \leqq 1$ のとき,$\displaystyle\int_1^\infty \frac{1}{x^\alpha}dx$ は存在しないことを示せ.

(2) $\alpha > 1$ のとき,$\displaystyle\int_1^\infty \frac{1}{x^\alpha}dx$ は存在することを示せ.

問 8.6.5 広義積分可能かどうかを判定せよ．値が求められるならば，それを計算せよ．

(1) $\displaystyle\int_0^\infty \frac{x}{1+x^2}dx$ 　　(2) $\displaystyle\int_0^\infty \frac{1}{x^3+1}dx$ 　　(3) $\displaystyle\int_0^\infty xe^{-x^2}dx$

(4) $\displaystyle\int_1^\infty \frac{1}{\sqrt[3]{x}}dx$ 　　(5) $\displaystyle\int_0^\infty e^{-x}\cos x\,dx$ 　　(6) $\displaystyle\int_0^\infty \left(\frac{\sin x}{x}\right)^2 dx$

ガンマ関数 $\alpha > 0$ に対して，広義積分 $\displaystyle\int_0^\infty e^{-x}x^{\alpha-1}dx$ の値を対応させる関数をガンマ関数 $\Gamma(\alpha)$ という．

例題 8.6.6 $\alpha > 0$ のとき，上の広義積分が存在することを示せ．

解 積分区間をふたつに分ける．

$$\int_0^\infty e^{-x}x^{\alpha-1}dx = \int_0^1 e^{-x}x^{\alpha-1}dx + \int_1^\infty e^{-x}x^{\alpha-1}dx$$

$n > \alpha - 1$ をみたす整数をとる．マクローリン展開から $x > 0$ で $\dfrac{x^{n+2}}{(n+2)!} < e^x$ であることがわかるので，$x \geqq 1$ で

$$0 < e^{-x}x^{\alpha-1} < \frac{x^n}{e^x} < \frac{(n+2)!}{x^2}$$

が成りたつ．これから

$$0 < \int_1^\infty e^{-x}x^{\alpha-1}dx < \lim_{b\to\infty}\int_1^b \frac{(n+2)!}{x^2}dx$$
$$= \lim_{b\to\infty}\left[-\frac{(n+2)!}{x}\right]_1^b = \lim_{b\to\infty}\left(-\frac{(n+2)!}{b} + \frac{(n+2)!}{1}\right) = (n+2)!$$

がわかり，無限区間での積分が存在する．$\alpha - 1 \geqq 0$ ならば $e^{-x}x^{\alpha-1}$ は $[0,1]$ で連続であり，積分は存在する．$0 < \alpha < 1$ のときも $(0,1]$ で

$$0 < e^{-x}x^{\alpha-1} < x^{\alpha-1}, \quad -1 < \alpha - 1 < 0$$

が成りたち，例題 8.6.3 から $\displaystyle\int_0^1 e^{-x}x^{\alpha-1}dx$ の存在もわかる． □

問 8.6.6 $\Gamma(1) = 1$ を示せ．

問 8.6.7 (1) $\alpha > 0$ のとき，$\Gamma(\alpha+1) = \alpha\Gamma(\alpha)$ を部分積分により示せ．
(2) n が自然数のとき，$\Gamma(n+1) = n!$ を示せ．

問 8.6.8 $\alpha > 0$ のとき，$\displaystyle\int_0^\infty e^{-x^\alpha}dx = \Gamma\left(1 + \frac{1}{\alpha}\right)$ を示せ．

問題

1. 次の定積分の値を求めよ．

   (1) $\displaystyle\int_0^2 x\sqrt{1+x^2}\,dx$
   (2) $\displaystyle\int_{-1}^1 x\sin(x^2+2)dx$
   (3) $\displaystyle\int_1^{e^2} \log^3 x\,dx$
   (4) $\displaystyle\int_{-1}^1 \frac{1}{e^x+e^{-x}}dx$
   (5) $\displaystyle\int_{-2}^2 x(5x+1)^3\,dx$
   (6) $\displaystyle\int_1^e x\log^2 x\,dx$
   (7) $\displaystyle\int_0^1 x^2 e^{2x}dx$
   (8) $\displaystyle\int_{-\frac{\pi}{6}}^{\frac{\pi}{6}} \sin^2 x\,dx$
   (9) $\displaystyle\int_0^{\frac{\pi}{2}} e^x\cos^3 x\,dx$
   (10) $\displaystyle\int_{-2}^2 \frac{e^x-e^{-x}}{e^x+e^{-x}}dx$
   (11) $\displaystyle\int_0^1 \frac{x^2}{1+x^2}dx$
   (12) $\displaystyle\int_0^1 \frac{1}{1+x+x^2}dx$
   (13) $\displaystyle\int_0^1 \frac{1}{(1+x^2)^2}dx$
   (14) $\displaystyle\int_{\sqrt{2}}^2 \frac{1}{x^4+x^2}dx$
   (15) $\displaystyle\int_0^1 \sin^{-1}\left(\frac{x}{\sqrt{2}}\right)dx$
   (16) $\displaystyle\int_0^1 \log\left(x+\sqrt{1+x^2}\right)dx$

2. 次の曲線または直線で囲まれる部分の面積を求めよ．

   (1) $y=x^2$ と $y^2=8x$．
   (2) $y=\dfrac{1-x^2}{1+x^2}$ と x 軸．
   (3) $\sqrt{x}+\sqrt{y}=1$ と $x+y=1$．
   (4) 区間 $[0,\pi]$ で $y=x\sin 2x$ と x 軸．
   (5) $\dfrac{x^2}{a^2}+\dfrac{y^2}{b^2}=1,\ a>0,\ b>0$．
   (6) $x^{\frac{2}{3}}+y^{\frac{2}{3}}=1$ の $x\geqq 0,\ y\geqq 0$ の部分．

3. 次の回転体の体積を求めよ．

   (1) $y=e^x$ とこの曲線の原点を通る接線が，$x\geqq 0$ で囲む図形を x 軸のまわりに回転させてできる回転体．
   (2) 上の問の図形を y 軸のまわりに回転させてできる回転体．
   (3) 曲線 $y=\sin x$ の $0\leqq x\leqq \dfrac{\pi}{4}$ の部分が，y 軸のまわりに回転してできる回転体．
   (4) 曲線 $y=x^2$ と $y=\sqrt{x}$ が囲む図形を，x 軸のまわりに回転させてできる回転体．

4. (*) $\int_0^1 \dfrac{\log(1+x)}{1+x^2}dx = \dfrac{\pi}{8}\log 2$ を変数変換 $x = \tan s$ により示せ.

5. (*) 0 以上の整数 n に対して, $I_n = \int_0^{\frac{\pi}{2}} \sin^n x\, dx$ とおく.

   (1) $I_0 = \dfrac{\pi}{2}, I_1 = 1$ を示せ.
   (2) $n \geqq 2$ のとき, 部分積分により次の漸化式を導け.
   $$I_n = \dfrac{n-1}{n}I_{n-2}$$
   (3) I_{10}, I_{11} を求めよ.
   (4) $n \geqq 2$ のとき, 次を示せ.
   $$I_n = \begin{cases} \dfrac{n-1}{n} \cdot \dfrac{n-3}{n-2} \cdots \dfrac{1}{2} \cdot \dfrac{\pi}{2}, & n\text{ は偶数} \\ \dfrac{n-1}{n} \cdot \dfrac{n-3}{n-2} \cdots \dfrac{2}{3}, & n\text{ は奇数} \end{cases}$$

6. (*) 自然数 n に対して, $I_n = \int_0^1 \dfrac{1}{(1+x^2)^n}dx$ とおく.

   (1) 次の漸化式を示せ.
   $$I_{n+1} = \dfrac{1}{n \cdot 2^{n+1}} + \dfrac{2n-1}{2n}I_n$$
   (2) I_2, I_3, I_4 を求めよ.

7. 次をみたす関数 $f(x)$ を求めよ.

   (1) $f(x) = x + \int_0^\pi f(t)\sin t\, dt$
   (2) $\sin x = x + \int_0^x (x-t)f(t)dt$

8. $\dfrac{1}{x}$ の定積分をつかって, 次の不等式を示せ. n は 2 以上の整数とする.
   $$\log(n+1) < 1 + \dfrac{1}{2} + \cdots + \dfrac{1}{n} < 1 + \log n$$

9. $\alpha > 0$ のとき, 次の不等式を示せ. n は 2 以上の整数とする.
   $$\int_1^{n+1} \dfrac{1}{x^\alpha}dx < 1 + \dfrac{1}{2^\alpha} + \cdots + \dfrac{1}{n^\alpha} < 1 + \int_1^n \dfrac{1}{x^\alpha}dx$$

10. (*) (1) m, n を 0 以上の整数とするとき, 広義積分

$$I_{m,n} = \int_0^1 x^m \log^n x \, dx$$

が存在することを示せ.

(2) 次の等式を示せ.

$$I_{m,n} = -\frac{n}{m+1} I_{m,n-1}$$

(3) 次の等式を示せ.

$$I_{n,n} = (-1)^n \frac{n!}{(n+1)^{n+1}}$$

第9章 偏微分

● 9.1 極限と連続関数

2変数の関数 ふたつの変数 x, y の値からひとつの値 z が定まるとき，2変数の関数があたえられたといい，$z = f(x, y)$ のように表わす．関数 $f(x, y)$ の形により代入できる独立変数 (x, y) は xy 平面のある範囲内（全体の場合も含めて）に制限される．

例 $z = xy$, $z = \sqrt{x^2 + y^2}$, $z = \log(1 + x^2 + y^2)$ etc. これらの例では xy 平面の任意の点 (x, y) が代入できる．

関数の連続性 xy 平面内の2点 (x_1, y_1), (x_0, y_0) 間の距離は三平方の定理により，$\sqrt{(x_1 - x_0)^2 + (y_1 - y_0)^2}$ であたえられる．ある一定の点 (x_0, y_0) に対し，変数 (x, y) が

$$\sqrt{(x - x_0)^2 + (y - y_0)^2} \to 0$$

をみたすとき $(x, y) \to (x_0, y_0)$ と表わし，変数 (x, y) は (x_0, y_0) に近づくという．

・極限の定義・

ある値 α があって
$$\lim_{(x,y) \to (a,b)} |f(x, y) - \alpha| = 0$$
となるとき $\lim_{(x,y) \to (a,b)} f(x, y) = \alpha$ と表わして，(x, y) が (a, b) に近づくときの $f(x, y)$ の極限値は α であるという．

ここで $(x, y) \to (a, b)$ とは，近づく方向，近づく径路によらないことに注意する．近づき方を特定すると次の問のようなことが起こる．

9.1 極限と連続関数

問 9.1.1 次の関数を $f(x,y)$ とするとき，以下の4種類の極限を計算せよ．

(a) $\dfrac{x-y}{x+y}$ (b) $\dfrac{x}{x+y}$ (c) $\dfrac{xy}{x^2+y^2}$ (d) $\dfrac{x^2-y^2}{x^2+y^2}$

(1) $\displaystyle\lim_{y\to 0}\left(\lim_{x\to 0} f(x,y)\right)$ (2) $\displaystyle\lim_{x\to 0}\left(\lim_{y\to 0} f(x,y)\right)$

(3) $\displaystyle\lim_{x\to 0} f(x,mx)$ m は定数 (4) $\displaystyle\lim_{t\to 0} f(at,bt)$ a,b は定数

・連続性の定義・

次の条件がすべて成立するとき，$f(x,y)$ は (x_0,y_0) で連続であるという．

(i) (x_0,y_0) を中心とするある円 $C_0 : (x-x_0)^2+(y-y_0)^2 < \delta^2$ があり，C_0 の各点で $f(x,y)$ は定義される．

(ii) 極限値 $\displaystyle\lim_{(x,y)\to(x_0,y_0)} f(x,y)$ が存在して $f(x_0,y_0)$ に等しい．

xy 平面内の領域 D の各点で $f(x,y)$ が連続なら，$f(x,y)$ は領域 D で連続であるという．

例題 9.1.1 $(x,y)\ne(0,0)$ のとき $f(x,y)=\dfrac{x^3+2y^3}{x^2+y^2}$, $f(0,0)=0$ とおくと，$f(x,y)$ は $(0,0)$ で連続になることを示せ．

解 $(x,y)\ne(0,0)$ のとき

$$0 \leqq |f(x,y)| = \frac{|x^3+2y^3|}{|x^2+y^2|} \leqq \frac{|x^3|}{|x^2+y^2|} + \frac{|2y^3|}{|x^2+y^2|}$$

$$\leqq |x|\frac{|x^2|}{|x^2+y^2|} + 2|y|\frac{|y^2|}{|x^2+y^2|} \leqq |x|+2|y| \leqq 2\sqrt{x^2+y^2}$$

これから $\displaystyle\lim_{(x,y)\to(0,0)} |f(x,y)| = 0 = f(0,0)$ がわかる． □

問 9.1.2 次の関数 $f(x,y)$ は $f(0,0)=0$ とおくことで，$(0,0)$ で連続になることを示せ．

(1) $\dfrac{x^2y}{x^2+y^2}$ (2) $\dfrac{xy}{\sqrt{x^2+y^2}}$ (3) $\dfrac{x^3-y^3}{x^2+y^2}$

(4) $\dfrac{\sin xy}{\sqrt{x^2+y^2}}$ (5) $x\log(x^2+y^2)$ (6) $e^{-\frac{1}{x^2+y^2}}$

2変数関数のグラフ 1変数の場合 $y=f(x)$ のグラフは座標 $(x,f(x))$ の点の集まりを xy 平面で図示したものだった．$z=f(x,y)$ の場合も同様で，直交座標系を導入した xyz 空間内で座標が $(x,y,f(x,y))$ である点全体のつくる図形が関数 $z=f(x,y)$ のグラフになる．

例 $z = e^{-x^2-y^2}$ のグラフ．(x,y) が半径 $r > 0$ の円 $\sqrt{x^2+y^2} = r$ 上にあるとき，グラフ上の点の z 座標は一定値 $z = e^{-r^2}$ になる．このことからグラフは xz 平面内の曲線 $z = e^{-x^2}$ を z 軸のまわりに回転させてできる曲面であることがわかる．

グラフの概形 $f(x,y) = x^2 - xy - 2y^2$ を例に，グラフ $z = f(x,y)$ の概形（右図）を調べる方法について説明しよう．

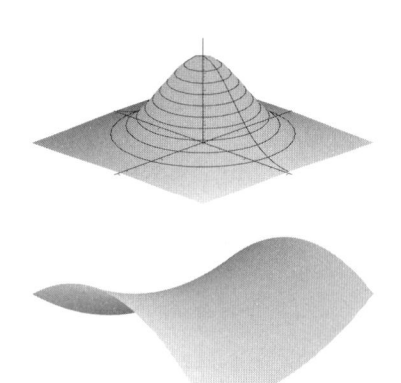

x 座標を $x = 0$ に固定，y 座標のみ変化させると座標 $(x,y,z) = (0, y, f(0,y))$ をもつ点は曲面上の曲線を描く（左下図）．この曲線を曲面 $z = x^2 - xy - 2y^2$ の平面 $x = 0$ による切り口に現れた曲線とよぼう（右下図）．

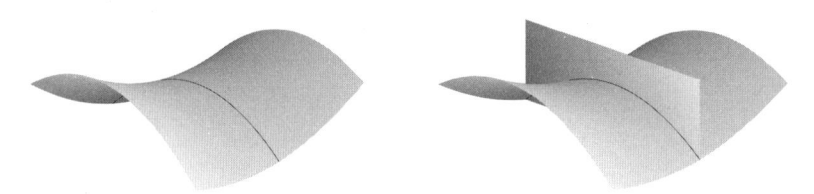

この曲線は平面 $x = 0$ 内の放物線 $z = -2y^2$ になる（右図）．平面 $x = 0$ 内でのこの曲線の接線は y の関数とみて微分係数を求めれば描ける．例えば $y = 1$ において

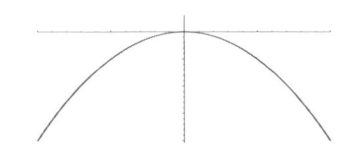

$$\lim_{y \to 1} \frac{f(0,y) - f(0,1)}{y - 1} = \lim_{y \to 1} \frac{-2y^2 - (-2)}{y - 1} = -4$$

だから $y = 1$ での接線の傾きは -4，この接線は連立方程式 $x = 0, z = -4(y-1) - 2$ で表わせる．

次に y 座標を $y = 1$ に固定，x 座標のみ変化させると，平面 $y = 1$ が曲面 $z = x^2 - xy - 2y^2$ から切りとる曲線 $z = x^2 - x - 2$ が現れる．

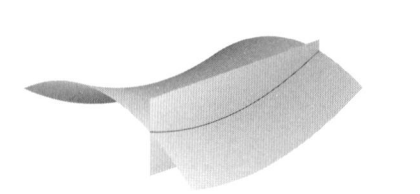

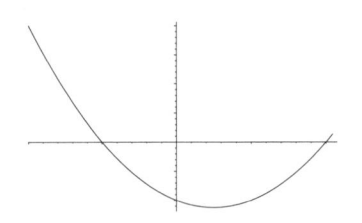

この曲線の $x = 0$ での接線の傾きは
$$\lim_{x \to 0} \frac{f(x,1) - f(0,1)}{x - 0} = \lim_{x \to 0} \frac{x^2 - x - 2 - (-2)}{x} = -1$$
接線の方程式は，$y = 1, z = -x - 2$ であたえられる．右図は点 $(x, y, f(x,y)) = (0, 1, f(0,1))$ で交わる曲面上の 2 曲線とその接線を図示している．

これにより $(x, y) = (0, 1)$ のまわりで x 軸に平行に変数 $(x, y) = (x, 1)$ を変化させるとき，および y 軸に平行に変数 $(x, y) = (0, y)$ を変化させるときの関数 $z = x^2 - xy - 2y^2$ の増減，変化の様子がおおよそわかる．

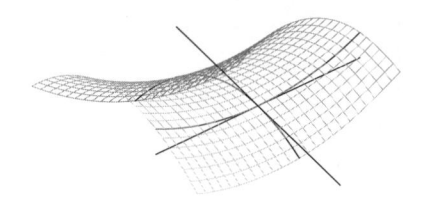

ふたつの接線はそれぞれベクトル $\begin{pmatrix} 1 \\ 0 \\ -1 \end{pmatrix}, \begin{pmatrix} 0 \\ 1 \\ -4 \end{pmatrix}$ に平行でどちらも $\begin{pmatrix} 1 \\ 4 \\ 1 \end{pmatrix}$ に直交する．

これから曲面 $z = x^2 - xy - 2y^2$ は $(x, y) = (0, 1)$ のまわりではこの $\begin{pmatrix} 1 \\ 4 \\ 1 \end{pmatrix}$ に直交する方向に広がる曲面であるといえる．

問 9.1.3 次の関数のグラフから指定された平面の切りとる曲線のグラフを描け．

(1) $z = x^2 y, y = 1$ (2) $z = -xy^2, x = 1$
(3) $z = (-x + y)^2, y = 1$ (4) $z = e^{-2xy}, x = 1$

問 9.1.4 次の曲面に指定された点で接し，方程式 $y = c$ または $x = c$（c は定数）で表わせる平面に含まれる直線をそれぞれ求めよ．

(1) $z = xy, (1, 1)$ (2) $z = x + y, (1, 0)$
(3) $z = (x + y)^2, (0, 1)$ (4) $z = e^{xy}, (0, 0)$
(5) $z = \sin(xy), (0, 0)$ (6) $z = \log(1 + x^2 + y^2), (0, 0)$

9.2 偏導関数

偏微分係数 $f(x, y)$ は (a, b) を含む領域で定義されているとする．$y = b$ を固定，$f(x, b)$ が変数 x の関数として $x = a$ で微分可能であるとき，$f(x, y)$ は (a, b) において x で**偏微分可能**，その微分係数を $f_x(a, b)$ で表わす．

同じく $x = a$（一定）とした $f(a, y)$ が y の関数として $y = b$ で微分可能ならば，$f(x, y)$ は (a, b) において y で**偏微分可能**，その微分係数を $f_y(a, b)$ で表わす．

> (a, b) における $f(x, y)$ の x に関する**偏微分係数**は
> $$f_x(a, b) = \lim_{x \to a} \frac{f(x, b) - f(a, b)}{x - a}$$
> $$= \lim_{h \to 0} \frac{f(a + h, b) - f(a, b)}{h}$$
> y に関する**偏微分係数**は
> $$f_y(a, b) = \lim_{y \to b} \frac{f(a, y) - f(a, b)}{y - b}$$
> $$= \lim_{k \to 0} \frac{f(a, b + k) - f(a, b)}{k}$$

xy 平面内のある領域の各点 (x, y) で，$z = f(x, y)$ が x に関して偏微分可能であるとき，$f(x, y)$ はその領域で x について偏微分可能，(x, y) での偏微分係数 $f_x(x, y)$ をあたえる関数を x に関する**偏導関数**といい，

$$z_x(x, y), \quad f_x(x, y), \quad \frac{\partial f}{\partial x}(x, y), \quad \frac{\partial z}{\partial x}(x, y)$$

などと表わす．y に関する偏導関数も同様に定義され，

$$z_y(x, y), \quad f_y(x, y), \quad \frac{\partial f}{\partial y}(x, y), \quad \frac{\partial z}{\partial y}(x, y)$$

のように表わす．

偏微分するという言葉で，偏微分係数，偏導関数を求める計算，操作を表わす．また独立変数 (x, y) を省略して，

$$z_x, \quad \frac{\partial z}{\partial x}, \quad z_y, \quad \frac{\partial z}{\partial y}$$

で偏導関数を表わすこともある．

例題 9.2.1 $z = x^2 y + 2xy^3 + y^4$ のとき，偏導関数 z_x, z_y を求めよ．

解 y を定数とみると y^4 も定数扱いでき，$y, 2y^3$ はそれぞれ x^2, x の係数とみなせる．変数 x で微分して $z_x = 2xy + 2y^3$．同様に x を定数とみて，変数 y で微分すると $z_y = x^2 + 6xy^2 + 4y^3$． □

例題 9.2.2 $f(x, y) = \cos(x^2 + xy + y^2)$ のとき，偏導関数 $\dfrac{\partial f}{\partial x}, \dfrac{\partial f}{\partial y}$ を求めよ．

解 $\cos t$ と $t = x^2 + xy + y^2$ の合成関数とみて

$$\frac{\partial f}{\partial x}(x, y) = -\sin(x^2 + xy + y^2) \frac{\partial}{\partial x}(x^2 + xy + y^2)$$

$$= -(2x+y)\sin(x^2+xy+y^2),$$
$$\frac{\partial f}{\partial y}(x,y) = -\sin(x^2+xy+y^2)\frac{\partial}{\partial y}(x^2+xy+y^2)$$
$$= -(x+2y)\sin(x^2+xy+y^2) \quad \square$$

問 9.2.1 偏導関数 z_x, z_y を計算せよ．

(1) $z = x^3 + xy + y^3$ (2) $z = \sin(xy)$ (3) $z = e^{xy}$

(4) $z = \dfrac{1}{1+x^2+y^2}$ (5) $z = \dfrac{xy}{1+x^2+y^2}$

(6) $z = \sqrt{1+x^2+y^2}$ (7) $z = \log(1+x^2+y^2)$

(8) $z = \sin^{-1}(xy)$ (9) $z = \tan^{-1}(x^2+xy+y^2)$

問 9.2.2 $f(x), g(y)$ がそれぞれ x, y で微分可能であるとき，次の z_x, z_y を $f(x), g(y)$ とその導関数で表わせ．必要なら $f(x) > 0$ とする．

(1) $z = f(x)g(y)$ (2) $z = f(x^2)g(y^2)$

(3) $z = (f(x))^2 g(y)$ (4) $z = f(x^2+xy+2y^2)$

(5) $z = e^{f(x)g(y)}$ (6) $z = \sqrt{1+(f(x)g(y))^2}$

(7) $z = e^{f(2x)g(3y)}$ (8) $z = f(x)^{g(y)}$

● 9.3 全微分

2 変数関数の偏微分係数は x 軸または y 軸に平行な切り口の情報であって，あらゆる方向を含めるとき，これらだけで $f(x,y)$ を調べるには不十分である．また 1 変数関数は微分できれば必ず連続であったが，2 変数以上だとそうはいえない．

問 9.3.1 次の

$$f(x,y) = \begin{cases} \dfrac{xy}{x^2+y^2} & (x,y) \neq (0,0) \text{ のとき} \\ 0 & (x,y) = (0,0) \text{ のとき} \end{cases}$$

はすでにみたように $(0,0)$ で連続ではない．しかし，$(0,0)$ で x, y どちらでも偏微分可能であることを示せ．

1 変数のとき $f'(a) = \alpha$ ならば $\lim\limits_{x\to a}\left|\dfrac{f(x)-f(a)}{x-a} - \alpha\right| = 0$ であるから, $r(x) = f(x) - f(a) - \alpha(x-a)$ は

$$f(x) = f(a) + \alpha(x-a) + r(x), \quad \lim_{x\to a}\frac{|r(x)|}{|x-a|} = 0$$

をみたしている．この表現を 2 変数関数に拡張して全微分を定義する．

> **・定義（全微分）・**
>
> 定数 A, B と (a,b) の近傍で定義された関数 $r(x,y)$ をみつけて
> $$f(x,y) = f(a,b) + A(x-a) + B(y-b) + r(x,y),$$
> $$\lim_{(x,y) \to (a,b)} \frac{|r(x,y)|}{\sqrt{(x-a)^2 + (y-b)^2}} = 0$$
> とできるとき，$f(x,y)$ は点 (a,b) で**全微分可能**であるという．

上の定義が (a,b) で成りたっているとき，$f(x,y)$ は (a,b) で偏微分可能，$A = f_x(a,b)$，$B = f_y(a,b)$ である．

問 9.3.2 上に述べたことを確かめよ．

問 9.3.3 問 9.3.1 の $f(x,y)$ は $(0,0)$ で全微分可能でないことを示せ．

次の定理により，通常現れる関数の多くが全微分可能であることがわかる．

定理 9.3.1 $f(x,y)$ は点 (a,b) を含む領域 D で偏微分可能で偏導関数 $f_x(x,y), f_y(x,y)$ が連続ならば，$f(x,y)$ は (a,b) で全微分可能である．

略証 $f(x,y)$ を
$$f(x,y) = f(a,b) + (f(x,y) - f(a,y)) + (f(a,y) - f(a,b))$$
と表わす．右辺第 2, 3 項にそれぞれ変数 x, y の関数として平均値の定理を適用すると，$0 < \theta_1, \theta_2 < 1$ をみつけて
$$\begin{aligned} f(x,y) &= f(a,b) + f_x(a + \theta_1(x-a), y)(x-a) + f_y(a, b + \theta_2(y-b))(y-b) \\ &= f(a,b) + f_x(a,b)(x-a) + f_y(a,b)(y-b) \\ &\quad + \left(f_x(a + \theta_1(x-a), y) - f_x(a,b)\right)(x-a) \\ &\quad + \left(f_y(a, b + \theta_2(y-b)) - f_y(a,b)\right)(y-b) \end{aligned}$$
とできる．右辺の最後の 2 項を $r(x,y)$ とすれば，f_x, f_y の連続性により全微分の条件をみたしている． □

問 9.3.4 $\displaystyle\lim_{(x,y) \to (a,b)} \frac{|r(x,y)|}{\sqrt{(x-a)^2 + (y-b)^2}} = 0$ を示して，上の略証を完全にせよ．

接平面　$z=f(x,y)$ が (a,b) で全微分可能であるとき，曲面上の点 $(a,b,f(a,b))$ における曲面 $z=f(x,y)$ の接平面を次のとおり定める．

$$z=f(a,b)+f_x(a,b)(x-a)+f_y(a,b)(y-b) \quad \cdots (p)$$

この決め方から (p) はベクトル $\begin{pmatrix} 1 \\ 0 \\ f_x(a,b) \end{pmatrix}, \begin{pmatrix} 0 \\ 1 \\ f_y(a,b) \end{pmatrix}$ に平行，$\begin{pmatrix} -f_x(a,b) \\ -f_y(a,b) \\ 1 \end{pmatrix}$ に直交することがわかる．後者のベクトルを接平面 (p) の法線ベクトル（のひとつ）という．

例題 9.3.1　曲面 $z=\sqrt{1+x^2+y^2}$ の接平面は $(0,0,0)$ を含まないことを示せ．

解　$z_x=\dfrac{x}{\sqrt{1+x^2+y^2}}, z_y=\dfrac{y}{\sqrt{1+x^2+y^2}}$ より，点 $(a,b,\sqrt{1+a^2+b^2})$ での接平面の方程式は

$$z=\sqrt{1+a^2+b^2}+\frac{a}{\sqrt{1+a^2+b^2}}(x-a)+\frac{b}{\sqrt{1+a^2+b^2}}(y-b)$$

になる．$(0,0,0)$ がこの平面上にあるとすると

$$0=\sqrt{1+a^2+b^2}+\frac{a}{\sqrt{1+a^2+b^2}}(-a)+\frac{b}{\sqrt{1+a^2+b^2}}(-b)$$

これから $0=1$ となり，矛盾が生じる．　□

$f(x,y)$ は (a,b) で全微分可能であるとする．曲面 $z=f(x,y)$ 上の点 $Q(x,y,f(x,y))$ から $P(a,b,f(a,b))$ での接平面 (p) への距離を d とすると，

$$\lim_{(x,y)\to(a,b)} \frac{d}{PQ}=0$$

がいえる．これが接平面を上の式で定義するひとつの根拠である．

問 9.3.5　上の極限が成立することを示せ．

問 9.3.6　示された点 (a,b) での値 $f(a,b)$ と $(a,b,f(a,b))$ での曲面 $z=f(x,y)$ の接平面の方程式，法線ベクトルを求めよ．

(1)　$f(x,y)=3x^2y+xy, \quad (1,-1)$

(2)　$f(x,y)=\log(1+x^2+y^2), \quad (0,0)$

(3)　$f(x,y)=\tan(x+y), \quad \left(\dfrac{\pi}{6},\dfrac{\pi}{6}\right)$

(4)　$f(x,y)=\sqrt{8-x^2-y^2}, \quad (0,2)$

(5)　$f(x,y) = \tan^{-1}(xy)$, 　　$(1,1)$

(6)　$f(x,y) = \tan^{-1}(x+y)$, 　　$\left(\dfrac{1}{\sqrt{3}}, 0\right)$

(7)　$f(x,y) = e^{xy}$, 　　$(2, \log 2)$

(8)　$f(x,y) = \sin^{-1}(x-y)$, 　　$\left(0, \dfrac{1}{2}\right)$

● 9.4　高次偏導関数

2次偏導関数　領域 D の各点で $z = f(x,y)$ が偏微分可能なとき，偏導関数 $\dfrac{\partial f}{\partial x}(x,y)$, $\dfrac{\partial f}{\partial y}(x,y)$ も領域 D の2変数関数であるから，これらの偏微分可能性も考えられる．それらが存在するとき2次偏導関数といい，偏微分の順序により次の4種類

$$\frac{\partial}{\partial x}\left(\frac{\partial f}{\partial x}\right), \quad \frac{\partial}{\partial y}\left(\frac{\partial f}{\partial x}\right), \quad \frac{\partial}{\partial x}\left(\frac{\partial f}{\partial y}\right), \quad \frac{\partial}{\partial y}\left(\frac{\partial f}{\partial y}\right)$$

がありえる．$\dfrac{\partial}{\partial y}\left(\dfrac{\partial f}{\partial x}\right)$ は x で偏微分のあと y で，$\dfrac{\partial}{\partial x}\left(\dfrac{\partial f}{\partial y}\right)$ は y で偏微分のあと x で偏微分する操作を表わしている．

問 9.4.1　$f(x,y)$ を次で定義する．

$$f(x,y) = \begin{cases} xy\dfrac{x^2-y^2}{x^2+y^2} & (x,y) \neq (0,0) \text{ のとき} \\ 0 & (x,y) = (0,0) \text{ のとき} \end{cases}$$

(1)　$f_x(0,0), f_y(0,0)$ を求めよ．

(2)　$f_x(0,y), y \neq 0, f_y(x,0), x \neq 0$ を求めよ．

(3)　$(f_x)_y(0,0), (f_y)_x(0,0)$ を求めよ．

この問にみるように偏微分の順序には注意がいるが，次の定理により実用上多くの場合，偏微分の順序を入れ替えられることがわかる．

定理 9.4.1（偏微分の順序交換）　(a,b) の近傍で $f_{xy}(x,y), f_{yx}(x,y)$ が存在して連続ならば $f_{xy}(a,b) = f_{yx}(a,b)$.

証明　$\phi(h,k) = f(a+h, b+k) - f(a, b+k) - f(a+h, b) + f(a,b)$ を2通りに表わす．まず $F(x) = f(x, b+k) - f(x, b)$ とおくと $\phi(h,k) = F(a+h) - F(a)$, 平均値の定理により $\phi(h,k) = F'(a + \theta_1 h)h$, $0 < \theta_1 < 1$ と表わせるが F' は x に関する微分なので

$$\phi(h,k) = (f_x(a+\theta_1 h, b+k) - f_x(a+\theta_1 h, b))h$$

さらに変数 y について $y = b, b+k$ の間で平均値の定理を適用すると

$$\phi(h,k) = f_{xy}(a+\theta_1 h, b+\theta_2 k)hk, \quad 0 < \theta_2 < 1$$

と表わせる.

次に $G(y) = f(a+h, y) - f(a, y)$ とおくと $\phi(h,k) = G(b+k) - G(b)$, x と y の順序を入れ替えて上と同様にすると

$$\phi(h,k) = f_{yx}(a+\theta_1' h, b+\theta_2' k)hk, \quad 0 < \theta_1' < 1, 0 < \theta_2' < 1$$

をえる. ここで $\dfrac{\phi(h,k)}{hk}$ の極限 $(h,k) \to (0,0)$ を考える. 先の式から連続性により $f_{xy}(a,b)$ に収束するが, 後の式から $f_{yx}(a,b)$ に収束することもわかり, 同一の式の極限値なので $f_{xy}(a,b) = f_{yx}(a,b)$ がわかる. ■

問 9.4.2 $(z_x)_y = (z_y)_x$ を確かめよ.

(1) $z = x^3 - 3xy + y^3$ (2) $z = e^{x^2 - xy + y^2}$
(3) $z = \cos(x^2 + y)$ (4) $z = \sin(xy^2)$
(5) $z = e^x \cos(x^2 + y^2)$ (6) $z = \log(1 + x^2 + y^2)$

高次偏導関数 2次偏導関数 $f_{xx}, f_{xy}, \ldots$ が偏微分可能なら, 3次偏導関数 $f_{xxx}, f_{xxy}, f_{xyx}, f_{yyx}, \ldots$ が 8 通り考えられるが, 上の定理により連続であることがわかれば順序の交換が許されて,

$$f_{xxy} = f_{xyx} = f_{yxx}, \quad f_{xyy} = f_{yxy} = f_{yyx}$$

がいえる. これから

$$f_{xxx} = \frac{\partial^3 f}{\partial x^3}, \quad f_{xyx} = \frac{\partial^3 f}{\partial x^2 \partial y}, \quad f_{yyx} = \frac{\partial^3 f}{\partial x \partial y^2}$$

のように 3 次偏導関数を表わせる.

より高次の偏導関数についても連続性が仮定できれば(多くの場合可能である)

$$f_{xxyy} = f_{xyxy} = \frac{\partial^4 f}{\partial x^2 \partial y^2}, \quad f_{xyyy} = f_{yyyx} = \frac{\partial^4 f}{\partial x \partial y^3},$$

$$(f_{xyy})_{xy} = \frac{\partial^5 f}{\partial x^2 \partial y^3}, \quad (f_{xyx})_{xxy} = \frac{\partial^6 f}{\partial x^4 \partial y^2}$$

と表わせる.

問 9.4.3 問 9.4.2 の関数について $z_{xyy} = z_{yyx}, z_{xxy} = z_{xyx}$ を確かめよ.

9.5 合成関数の微分

2 変数関数の合成関数の微分について説明する.

定理 9.5.1 $z = f(x,y)$ はある領域で全微分可能とする. 微分可能な 1 変数関数 $x = \phi(t), y = \psi(t)$ と合成関数 $z = f(\phi(t), \psi(t))$ がつくられるとき, 次が成りたつ.

$$\frac{dz}{dt} = \frac{\partial z}{\partial x}\frac{dx}{dt} + \frac{\partial z}{\partial y}\frac{dy}{dt}$$
$$= \frac{\partial f}{\partial x}(\phi(t), \psi(t))\,\phi'(t) + \frac{\partial f}{\partial y}(\phi(t), \psi(t))\,\psi'(t)$$

証明 $t = t_0$ をとり, $(a,b) = (\phi(t_0), \psi(t_0))$ とおく. 全微分可能だから

$$f(x,y) = f(a,b) + A(x-a) + B(y-b) + r(x,y),$$

$$\lim_{(x,y)\to(a,b)} \frac{|r(x,y)|}{\sqrt{(x-a)^2 + (y-b)^2}} = 0,$$

$$A = f_x(\phi(t_0), \psi(t_0)), \quad B = f_y(\phi(t_0), \psi(t_0))$$

と表わせて, 変化率 $\dfrac{z(t_0 + h) - z(t_0)}{h}$ は

$$\frac{z(t_0+h) - z(t_0)}{h} = \frac{f(\phi(t_0+h), \psi(t_0+h)) - f(\phi(t_0), \psi(t_0))}{h}$$
$$= f_x(\phi(t_0), \psi(t_0))\frac{\phi(t_0+h) - \phi(t_0)}{h}$$
$$+ f_y(\phi(t_0), \psi(t_0))\frac{\psi(t_0+h) - \psi(t_0)}{h} + \frac{r(\phi(t_0+h), \psi(t_0+h))}{h}$$

と書ける. $h \to 0$ のとき $(\phi(t_0+h), \psi(t_0+h)) \to (\phi(t_0), \psi(t_0)) = (a,b)$ であるから

$$\lim_{h\to 0}\left|\frac{r(\phi(t_0+h), \psi(t_0+h))}{h}\right|$$
$$= \lim_{h\to 0} \frac{|r(\phi(t_0+h), \psi(t_0+h))|}{\sqrt{(\phi(t_0+h) - \phi(t_0))^2 + (\psi(t_0+h) - \psi(t_0))^2}}$$
$$\times \sqrt{\left(\frac{\phi(t_0+h) - \phi(t_0)}{h}\right)^2 + \left(\frac{\psi(t_0+h) - \psi(t_0)}{h}\right)^2} = 0$$

となり, 求める式がえられる.

$$\frac{dz}{dt}(t_0) = \lim_{h \to 0} \left(f_x\left(\phi(t_0), \psi(t_0)\right) \frac{\phi(t_0+h) - \phi(t_0)}{h} \right.$$
$$+ f_y\left(\phi(t_0), \psi(t_0)\right) \frac{\psi(t_0+h) - \psi(t_0)}{h}$$
$$\left. + \frac{r\left(\phi(t_0+h), \psi(t_0+h)\right)}{h} \right)$$
$$= f_x\left(\phi(t_0), \psi(t_0)\right) \frac{d\phi}{dt}(t_0) + f_y\left(\phi(t_0), \psi(t_0)\right) \frac{d\psi}{dt}(t_0) \quad \square$$

例題 9.5.1 全微分可能な $z = f(x,y)$ に $x = a + ht, y = b + kt$ (a, b, h, k は定数, t は変数) が代入できるとき, 次が成りたつ.

$$\frac{dz}{dt} = h\frac{\partial f}{\partial x}(a+ht, b+kt) + k\frac{\partial f}{\partial y}(a+ht, b+kt)$$

解 $\dfrac{dx}{dt} = h, \dfrac{dy}{dt} = k$ として定理 9.5.1 をつかう. $\quad\square$

定理 9.5.2 $z = f(x,y)$ はある領域で全微分可能, u, v で偏微分可能な $x = \phi(u,v), y = \psi(u,v)$ が $f(x,y)$ に代入できるとき, 次が成りたつ.

$$\frac{\partial z}{\partial u} = \frac{\partial z}{\partial x}\frac{\partial x}{\partial u} + \frac{\partial z}{\partial y}\frac{\partial y}{\partial u}$$
$$= \frac{\partial f}{\partial x}\left(\phi(u,v), \psi(u,v)\right) \frac{\partial \phi}{\partial u}(u,v) + \frac{\partial f}{\partial y}\left(\phi(u,v), \psi(u,v)\right) \frac{\partial \psi}{\partial u}(u,v)$$
$$\frac{\partial z}{\partial v} = \frac{\partial z}{\partial x}\frac{\partial x}{\partial v} + \frac{\partial z}{\partial y}\frac{\partial y}{\partial v}$$
$$= \frac{\partial f}{\partial x}\left(\phi(u,v), \psi(u,v)\right) \frac{\partial \phi}{\partial v}(u,v) + \frac{\partial f}{\partial y}\left(\phi(u,v), \psi(u,v)\right) \frac{\partial \psi}{\partial v}(u,v)$$

略証 $\dfrac{\partial z}{\partial u}$ は $f\left(\phi(u,v), \psi(u,v)\right)$ で v を固定, 変数 u で微分してえられるので, 定理 9.5.1 の t を u として $\phi'(t), \psi'(t)$ をそれぞれ偏微分 $\dfrac{\partial \phi}{\partial u}, \dfrac{\partial \psi}{\partial u}$ で置き換えれば求める公式をえる. v に関する偏微分も同様. $\quad\square$

ヤコビアン 行列をつかうと偏導関数の間の関係は

$$\left(\frac{\partial z}{\partial u}, \frac{\partial z}{\partial v}\right) = \left(\frac{\partial z}{\partial x}, \frac{\partial z}{\partial y}\right) \begin{pmatrix} \dfrac{\partial x}{\partial u} & \dfrac{\partial x}{\partial v} \\ \dfrac{\partial y}{\partial u} & \dfrac{\partial y}{\partial v} \end{pmatrix}$$

と表わせる．右辺の正方行列をヤコビ行列，その行列式を

$$\frac{\partial(x,y)}{\partial(u,v)} = \det \begin{pmatrix} \dfrac{\partial x}{\partial u} & \dfrac{\partial x}{\partial v} \\ \dfrac{\partial y}{\partial u} & \dfrac{\partial y}{\partial v} \end{pmatrix}$$

と表わして，ヤコビアンまたはヤコビ行列式という．この値が 0 でなければ (u,v) がそれぞれ (x,y) の関数で表わせる．これを逆関数の定理という（詳細は省略）．

例題 9.5.2 $z = f(x,y), x = u+v, y = u-v$ のとき，z_u, z_v を f_x, f_y で表わせ．

解 $\dfrac{\partial x}{\partial u} = 1, \dfrac{\partial y}{\partial u} = 1, \dfrac{\partial x}{\partial v} = 1, \dfrac{\partial y}{\partial v} = -1$ より

$$z_u = f_x + f_y, \quad z_v = f_x - f_y \quad \square$$

問 9.5.1 次の (x,y) を $z = f(x,y)$ に代入するとき，z_u, z_v を f_x, f_y で表わせ．

(1) $x = 2u+v, \quad y = -u+2v$ (2) $x = \cos(u+v), \quad y = \sin(u-v)$
(3) $x = e^u \cos v, \quad y = e^u \sin v$ (4) $x = u^2 + v^2, \quad y = uv$

問 9.5.2 次の $\begin{pmatrix} x \\ y \end{pmatrix} = \begin{pmatrix} \cos\alpha & -\sin\alpha \\ \sin\alpha & \cos\alpha \end{pmatrix} \begin{pmatrix} u \\ v \end{pmatrix}$ を $z = z(x,y)$ に代入するとき

(1) z_u, z_v を z_x, z_x で表わし，次を示せ．

$$(z_u)^2 + (z_v)^2 = (z_x)^2 + (z_y)^2$$

(2) 次を示せ．

$$z_{uu} + z_{vv} = z_{xx} + z_{yy}$$

極座標による偏微分 点 $P(x,y)$ は極座標 (r, θ) により，$x = r\cos\theta, y = r\sin\theta$ と表わせる．

ここで r は原点から P までの距離 OP，θ は x 軸の正の向きと OP のなす角である．

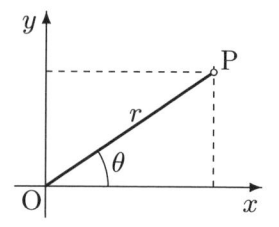

$$z = z(x,y) = z(r\cos\theta, r\sin\theta)$$

の r, θ に関する偏微分は

$$\frac{\partial z}{\partial r} = \cos\theta \frac{\partial z}{\partial x} + \sin\theta \frac{\partial z}{\partial y}, \quad \frac{\partial z}{\partial \theta} = -r\sin\theta \frac{\partial z}{\partial x} + r\cos\theta \frac{\partial z}{\partial y}$$

となる．

問 9.5.3 (1) 定理 9.5.2 により上の等式を導け.

(2) これらから次を導け.

$$\frac{\partial z}{\partial x} = \cos\theta \frac{\partial z}{\partial r} - \frac{\sin\theta}{r}\frac{\partial z}{\partial \theta}, \quad \frac{\partial z}{\partial y} = \sin\theta \frac{\partial z}{\partial r} + \frac{\cos\theta}{r}\frac{\partial z}{\partial \theta}$$

●9.6 2変数のテイラーの定理

偏微分作用素 偏導関数 $\frac{\partial f}{\partial x}, \frac{\partial f}{\partial y}$ の定数 a, b 倍の和 $a\frac{\partial f}{\partial x} + b\frac{\partial f}{\partial y}$ は関数 $f(x, y)$ に $a\frac{\partial}{\partial x} + b\frac{\partial}{\partial y}$ の操作をほどこしたとみなせて

$$a\frac{\partial f}{\partial x} + b\frac{\partial f}{\partial y} = \left(a\frac{\partial}{\partial x} + b\frac{\partial}{\partial y}\right) f(x, y)$$

と表わせる. また, 順序交換 $\frac{\partial}{\partial x}\frac{\partial}{\partial y} = \frac{\partial}{\partial y}\frac{\partial}{\partial x}$ ができる場合,

$$\frac{\partial^2 f}{\partial x^2} + 2\frac{\partial^2 f}{\partial x \partial y} + \frac{\partial^2 f}{\partial y^2} = \frac{\partial}{\partial x}\frac{\partial f}{\partial x} + \frac{\partial}{\partial y}\frac{\partial f}{\partial x} + \frac{\partial}{\partial x}\frac{\partial f}{\partial y} + \frac{\partial}{\partial y}\frac{\partial f}{\partial y}$$

$$= \left(\frac{\partial}{\partial x} + \frac{\partial}{\partial y}\right)\frac{\partial f}{\partial x} + \left(\frac{\partial}{\partial x} + \frac{\partial}{\partial y}\right)\frac{\partial f}{\partial y}$$

$$= \left(\frac{\partial}{\partial x} + \frac{\partial}{\partial y}\right)\left(\frac{\partial}{\partial x} + \frac{\partial}{\partial y}\right) f = \left(\frac{\partial}{\partial x} + \frac{\partial}{\partial y}\right)^2 f,$$

$$\frac{\partial^2 f}{\partial x^2} + 3\frac{\partial^2 f}{\partial x \partial y} + 2\frac{\partial^2 f}{\partial y^2} = \left(\frac{\partial}{\partial x} + \frac{\partial}{\partial y}\right)\left(\frac{\partial}{\partial x} + 2\frac{\partial}{\partial y}\right) f(x, y)$$

と $f(x, y)$ にほどこした作用がまとめられる. このように $f(x, y)$ に加えた偏微分の作用をとりだした記号を**偏微分作用素**とよぶ.

例題 9.6.1 次の偏導関数を計算せよ.

(1) $\left(2\dfrac{\partial}{\partial x} - \dfrac{\partial}{\partial y}\right) e^{xy}$ (2) $\left(\dfrac{\partial}{\partial x} - 2\dfrac{\partial}{\partial y}\right)^2 (x^2 y)$

解 (1) $2\dfrac{\partial}{\partial x} e^{xy} - \dfrac{\partial}{\partial y} e^{xy} = (2y - x) e^{xy}$

(2) $\left(\dfrac{\partial^2}{\partial x^2} - 4\dfrac{\partial^2}{\partial x \partial y} + 4\dfrac{\partial^2}{\partial y^2}\right) (x^2 y) = 2y - 8x$ □

これから扱う関数はすべて偏微分の順序交換が可能であるとする.

問 9.6.1 次の値を求めよ.

(1) $f(x,y) = e^{2x+y}$, $\left(\dfrac{\partial}{\partial x} + 2\dfrac{\partial}{\partial y}\right) f(0,0)$

(2) $f(x,y) = \sin(x - 2y)$, $\left(\dfrac{\partial}{\partial x} - 2\dfrac{\partial}{\partial y}\right) f(0,0)$

(3) $f(x,y) = e^{x^2+y^2}$, $\left(\dfrac{\partial}{\partial x} + 2\dfrac{\partial}{\partial y}\right)^2 f(0,0)$

(4) $f(x,y) = \sin(x^2 + y^2)$, $\left(\dfrac{\partial}{\partial x} + 2\dfrac{\partial}{\partial y}\right)^2 f(0,0)$

問 9.6.2 f_{xx}, f_{xy}, f_{yy} で次の結果を表わせ.

(1) $\left(\dfrac{\partial}{\partial x} + \dfrac{\partial}{\partial y}\right)^2 f(x,y)$ 　　　(2) $\left(\dfrac{\partial}{\partial x} - 2\dfrac{\partial}{\partial y}\right)^2 f(x,y)$

(3) $\left(\dfrac{\partial}{\partial x} + \dfrac{\partial}{\partial y}\right)\left(\dfrac{\partial}{\partial x} - 2\dfrac{\partial}{\partial y}\right) f(x,y)$

(4) $\left(\dfrac{\partial}{\partial x} + 3\dfrac{\partial}{\partial y}\right)\left(-\dfrac{\partial}{\partial x} + \dfrac{\partial}{\partial y}\right) f(x,y)$

関数の展開　点 (a,b) を内部に含む領域で $f(x,y)$ は必要な回数だけ偏微分可能, 各偏導関数は連続であるとする. $x = a + ht$, $y = b + kt$ (h, k は定数) が代入できるとき, 定理 9.5.1 により $F(t) = f(a+ht, b+kt)$ も 1 変数 t の関数として必要な回数だけ微分可能であるとできる. この $F(t)$ にマクローリンの公式を用いる (73 page 参照).

$$F(t) = F(0) + \frac{t}{1!}F'(0) + \frac{t^2}{2!}F''(0) + \cdots$$
$$+ \frac{t^{n-1}}{(n-1)!}F^{(n-1)}(0) + \frac{t^n}{n!}F^{(n)}(\theta t), \quad 0 < \theta < 1$$

右辺に現れた微分係数 $F^{(k)}(t)$ は以下の計算で求められる. 例題 9.5.1 により

$$\frac{dF}{dt}(t) = h\frac{\partial f}{\partial x}(a+ht, b+kt) + k\frac{\partial f}{\partial y}(a+ht, b+kt)$$

となる. この右辺の 2 項は偏導関数 $\dfrac{\partial f}{\partial x}, \dfrac{\partial f}{\partial y}$ に $x = a+ht, y = b+kt$ を代入した関数だから, 同じく例題 9.5.1 により

$$\frac{d^2 F}{dt^2}(t) = h\frac{d}{dt}\frac{\partial f}{\partial x}(a+ht, b+kt) + k\frac{d}{dt}\frac{\partial f}{\partial y}(a+ht, b+kt)$$
$$= h\left(h\frac{\partial^2 f}{\partial x^2}(a+ht, b+kt) + k\frac{\partial^2 f}{\partial x \partial y}(a+ht, b+kt)\right)$$
$$+ k\left(h\frac{\partial^2 f}{\partial x \partial y}(a+ht, b+kt) + k\frac{\partial^2 f}{\partial y^2}(a+ht, b+kt)\right)$$

となる．これらは偏微分作用素をつかって

$$\frac{dF}{dt}(t) = \left(h\frac{\partial}{\partial x} + k\frac{\partial}{\partial y}\right) f(a+ht, b+kt)$$

$$\frac{d^2F}{dt^2}(t) = \left(h\frac{\partial}{\partial x} + k\frac{\partial}{\partial y}\right)^2 f(a+ht, b+kt)$$

と表わせる．これを繰り返して

$$\frac{d^\ell F}{dt^\ell}(t) = \left(h\frac{\partial}{\partial x} + k\frac{\partial}{\partial y}\right)^\ell f(a+ht, b+kt) \quad \cdots (*)$$

がわかる．

問 9.6.3 数学的帰納法で $(*)$ を確かめよ．

$(*)$ をつかい $t=1$ として次の展開をえる．

定理 9.6.1（2変数のテイラーの定理） $f(x,y)$ は領域 D の各点で必要な回数だけ偏微分可能，各偏導関数は連続であるとする．D 内の2点 $(a,b), (a+h, b+k)$ を結ぶ線分が D に含まれるとき

$$f(a+h, b+k) = f(a,b) + \frac{1}{1!}\left(h\frac{\partial}{\partial x} + k\frac{\partial}{\partial y}\right) f(a,b)$$
$$+ \frac{1}{2!}\left(h\frac{\partial}{\partial x} + k\frac{\partial}{\partial y}\right)^2 f(a,b) + \cdots$$
$$+ \frac{1}{(n-1)!}\left(h\frac{\partial}{\partial x} + k\frac{\partial}{\partial y}\right)^{n-1} f(a,b) + R_n$$

$R_n = \frac{1}{n!}\left(h\frac{\partial}{\partial x} + k\frac{\partial}{\partial y}\right)^n f(a+\theta h, b+\theta k), 0 < \theta < 1$ をみたす θ がとれる．

2変数のときも展開の中心が $(a,b) = (0,0)$ のとき，マクローリン展開という．$n=3$ のときを書くと次のようになる．

$$f(h,k) = f(0,0) + hf_x(0,0) + kf_y(0,0)$$
$$+ \frac{1}{2}\left(h^2 f_{xx}(0,0) + 2hk f_{xy}(0,0) + k^2 f_{yy}(0,0)\right)$$
$$+ \frac{1}{3!}\left(h\frac{\partial}{\partial x} + k\frac{\partial}{\partial y}\right)^3 f(\theta h, \theta k), \quad 0 < \theta < 1$$

例題 9.6.2 $f(x,y) = \cos(x+y)$ のマクローリン近似を2次の項 x^2, xy, y^2 まで求めよ．

解
$$f_x = -\sin(x+y), \quad f_y = -\sin(x+y)$$
$$f_{xx} = -\cos(x+y), \quad f_{xy} = -\cos(x+y), \quad f_{yy} = -\cos(x+y)$$

であるから，(h,k) を (x,y) に戻して

$$\cos(x+y) = 1 - \frac{1}{2}\left(x^2 + 2xy + y^2\right) + R$$

剰余項 R の具体的な形は省略．　□

注意！　1変数の展開 $\cos t = 1 - \dfrac{1}{2!}t^2 + \cdots$ で $t = x+y$ として 2 次までの展開が求められる．

下図はそれぞれ $z = 1 - (x+y)^2/2$ と $z = \cos(x+y)$ のグラフを図示したもの．　□

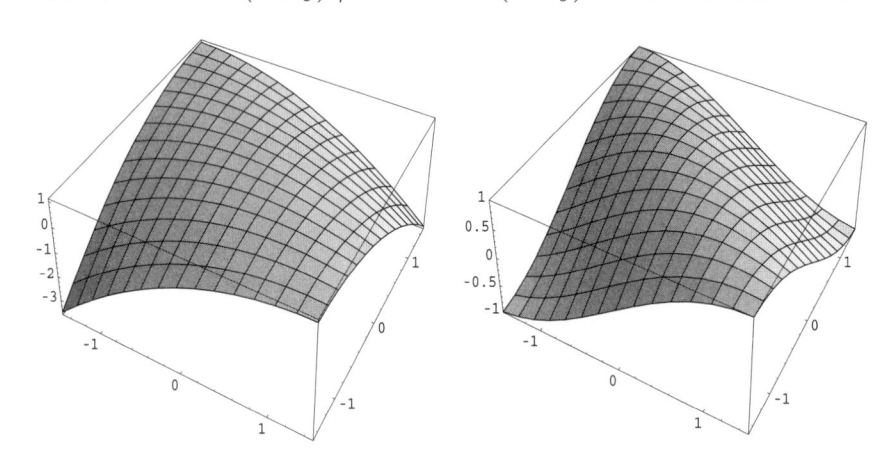

問 9.6.4　次の関数のマクローリン展開を 2 次の項まで求めよ．剰余項の詳しい形は求めなくてもよい．

(1)　$f(x,y) = x^3 - 3xy + y^3$ 　　(2)　$f(x,y) = xy(1+xy)^2$

(3)　$f(x,y) = e^x \cos y$ 　　(4)　$f(x,y) = e^{-x} \cos(2y)$

(5)　$f(x,y) = e^{x+y} \cos(x+y)$ 　　(6)　$f(x,y) = e^{x^2} \sin y$

(7)　$f(x,y) = e^{x+y} \cos(xy)$ 　　(8)　$f(x,y) = e^{x+y} \sin(x+y)$

(9)　$f(x,y) = \sin(xy)\cos(xy)$ 　　(10)　$f(x,y) = \tan^{-1}(xy)$

テイラーの定理の $n=1$ の場合は次のようにいえる．

定理 9.6.2（2 変数の平均値の定理）　定理 9.6.1 と同じ仮定で

$$f(a+h, b+k) = f(a,b) + \left(h\frac{\partial}{\partial x} + k\frac{\partial}{\partial y}\right)f(a+\theta h, b+\theta k),$$

$$0 < \theta < 1$$

となる θ がとれる．

例題 9.6.3 領域 $D = \{(x,y); |x| < 1, |y| < 1\}$ で $f_x = 0, f_y = 0$ ならば，D の各点 (x,y) で $f(x,y) = f(0,0)$ となることを示せ．

解 (x,y) と $(0,0)$ を結ぶ線分は D に含まれる．定理 9.6.2 を適用して求める結果をえる． □

問 9.6.5 $^{(*)}$ 領域 $D = \{(x,y); |x| < 1, |y| < 1\}$ で $f_x = 0$ ならば，D の各点 (x,y) で $f(x,y) = f(0,y)$ となることを示せ．

問 9.6.6 $^{(*)}$ 領域 $D = \{(x,y); |x| < 1, |y| < 1\}$ で $f_x = 1$ ならば，D の各点 (x,y) で $f(x,y) = x + f(0,y)$ となることを示せ．

● 9.7 　2変数関数の極値

極大・極小 $f(x,y)$ は 2 階までの偏導関数が存在して連続であるとする．(x,y) が (a,b) に十分近いとき

$$f(a,b) > f(x,y)$$

ならば (a,b) で**極大**，

$$f(a,b) < f(x,y)$$

ならば (a,b) で**極小**という．それぞれの値を**極大値・極小値**（合わせて**極値**）とよぶ．(a,b) で極値をとるとき，$f(x,b)$ は x の関数として，$f(a,y)$ は y の関数として極値をとるので，次の必要条件が導かれる（第 6 章参照）．

定理 9.7.1 $f(x,y)$ が (a,b) で極大または極小になるとき，

$$f_x(a,b) = 0, \quad f_y(a,b) = 0$$

でなければならない．

この条件が成りたつとき，(a,b) を中心に $n = 2$ としてテイラーの定理を用いると，(a,b) の近傍の点 $(a+h, b+k)$ での関数の値は

$$f(a+h, b+k)$$
$$= f(a,b) + \frac{1}{2}\left(h^2 f_{xx}(a',b') + 2hk f_{xy}(a',b') + k^2 f_{yy}(a',b')\right),$$
$$(a',b') = (a+\theta h, b+\theta k), \quad 0 < \theta < 1$$

と表わせる．

定理 9.7.2（極大・極小の判定）　(a,b) の近傍で $f(x,y)$ は2階までの連続な偏導関数をもち，$f_x(a,b) = f_y(a,b) = 0$ とする．
　$A = f_{xx}(a,b), B = f_{xy}(a,b), C = f_{yy}(a,b)$ として $D = AC - B^2$ とおく．

(I)　$D > 0$ とする．（$AC > B^2 \geqq 0$ より A と C は同符号．）

　　(i)　$A > 0$ $(C > 0)$ なら $f(a,b)$ は極小値である．

　　(ii)　$A < 0$ $(C < 0)$ なら $f(a,b)$ は極大値である．

(II)　$D < 0$ ならば $f(a,b)$ は極値ではない．

証明　(I) (i)　$D > 0, A > 0$ とする．テイラーの定理から

$$f(a+h, b+k) - f(a,b) = \frac{1}{2}\left(\tilde{A}h^2 + 2\tilde{B}hk + \tilde{C}k^2\right),$$

$$\tilde{A} = f_{xx}(a+\theta h, b+\theta k), \quad \tilde{B} = f_{xy}(a+\theta h, b+\theta k),$$

$$\tilde{C} = f_{yy}(a+\theta h, b+\theta k), \quad 0 < \theta < 1$$

が成りたつ．f_{xx}, f_{xy}, f_{yy} は連続だから (h,k) が $(0,0)$ に十分近ければ $\tilde{A} > 0, \tilde{D} = \tilde{A}\tilde{C} - \tilde{B}^2 > 0$ としてよい．

これから $(h,k) \neq (0,0)$ が十分 $(0,0)$ に近いとき

$$\tilde{A}h^2 + 2\tilde{B}hk + \tilde{C}k^2 = \tilde{A}\left(h + \frac{\tilde{B}}{\tilde{A}}k\right)^2 + \frac{\tilde{A}\tilde{C} - \tilde{B}^2}{\tilde{A}}k^2 > 0$$

となり，$f(a+h, b+k) > f(a,b)$, $f(a,b)$ は極小値になる．(I) の (ii) も同様に示せる．

(II)　$D < 0, A \neq 0$ とする．テイラー近似の式を

$$f(a+h, b+k) - f(a,b)$$

$$= \frac{1}{2}\left(Ah^2 + 2Bhk + Ck^2\right)$$

$$+ \frac{1}{2}\left(\left(\tilde{A} - A\right)h^2 + 2\left(\tilde{B} - B\right)hk + \left(\tilde{C} - C\right)k^2\right) \quad \cdots (**)$$

と書き直しておく．仮定から 2 次方程式 $At^2 + 2Bt + C = 0$ は相異なる 2 実解 α, β $(\alpha < \beta)$ をもち，

$$At^2 + 2Bt + C = A(t - \alpha)(t - \beta)$$

と因数分解できる．これから $h = tk, k \neq 0$ とすると，$(**)$ の右辺第 1 項は

$$\frac{1}{2}\left(Ah^2 + 2Bhk + Ck^2\right) = \frac{A}{2}k^2(t - \alpha)(t - \beta)$$

と表わせることがわかる．これから $|k| > 0$ を十分小さくして $t_1 = (\alpha + \beta)/2, h = t_1 k$ とすると

$$f(a+h, b+k) - f(a,b)$$

$$= k^2\left(-\frac{A}{8}(\beta-\alpha)^2 + \frac{1}{2}\left(\left(\tilde{A}-A\right)t_1^2 + 2\left(\tilde{B}-B\right)t_1 + \left(\tilde{C}-C\right)\right)\right)$$

となり，また $t_2 = 2\beta - \alpha$, $h = t_2 k$ として

$$f(a+h, b+k) - f(a,b)$$
$$= k^2\left(A(\beta-\alpha)^2 + \frac{1}{2}\left(\left(\tilde{A}-A\right)t_2^2 + 2\left(\tilde{B}-B\right)t_2 + \left(\tilde{C}-C\right)\right)\right)$$

をえる．$|k|$ を小さくすることでそれぞれ右辺 $(\cdots)$ 内第 2 項はいくらでも小さくなり，第 1 項の符号が右辺全体の符号となる．上の 2 式では第 1 項の符号は明らかに異なり，$f(a+h, b+k) < f(a,b)$ にも $f(a+h, b+k) > f(a,b)$ にもなりえるので，$f(a,b)$ は極値ではない．$D < 0, C \neq 0$ の場合も同様に示せる．

$A = C = 0$ のとき $D = -B^2 < 0$ だから，$B \neq 0, h = kt, k \neq 0$ として

$$f(a+h, b+k) - f(a,b)$$
$$= Bk^2 t + \frac{1}{2}\left(\left(\tilde{A}-A\right)t^2 + 2\left(\tilde{B}-B\right)t + \left(\tilde{C}-C\right)\right)k^2$$

となる．$|k|$ を十分小さくすると，t のとり方により右辺は正にも負にもなりえることがわかる．したがって $f(a,b)$ は極値ではない． □

注意！ $AC - B^2 = 0$ のときの極値の判定には，さらに高次の偏微分係数の情報が必要になる． □

極小値，極大値をとる付近でのグラフの概形はそれぞれ下図のようになる．

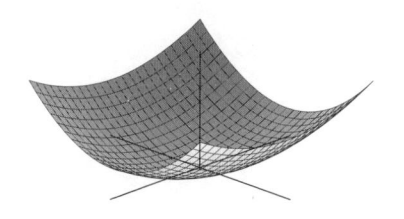

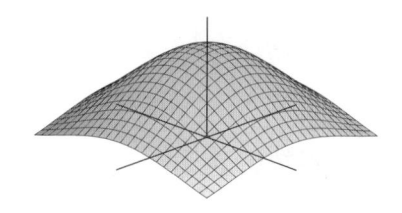

右図は $f_x(a,b) = 0, f_y(a,b) = 0$ でも極値をとらない例である．このような点を**鞍点**という．

例題 9.7.1 $f(x,y) = x^3 - 6xy + y^3$ に極値があればそれを求めよ．

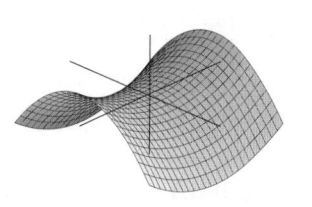

解 $f_x = 3x^2 - 6y = 0$, $f_y = -6x + 3y^2 = 0$ となる (x,y) を求める．

$$3x^2 - 6y = 0 \cdots (1), \quad -6x + 3y^2 = 0 \cdots (2)$$

(1) より $y = \dfrac{x^2}{2}$, これを (2) に代入し整理すると

$$-8x + x^4 = x(x^3 - 8) = x(x-2)(x^2 + 2x + 4) = 0$$

これを解いて $x = 0, 2$. それぞれにともなう y を (1) から求めて $(x, y) = (0, 0), (2, 2)$.

$$f_{xx} = 6x, \quad f_{xy} = -6, \quad f_{yy} = 6y$$

より $D = f_{xx}f_{yy} - f_{xy}^2$ を計算すると, $(0, 0)$ で $D = 0 \cdot 0 - (-6)^2 = -36 < 0$ となり, 極値をとらない.

$(2, 2)$ では

$$D = 12 \cdot 12 - (-6)^2 = 108 > 0, \quad f_{xx}(2, 2) = 12 > 0$$

となり, 極小値 $f(2, 2) = -8$ をとる. □

問 9.7.1 極値があればそれを求めよ.

(1) $f(x, y) = xy$ (2) $f(x, y) = x^2 - y^2$

(3) $f(x, y) = x^2 + \dfrac{y^2}{3}$ (4) $f(x, y) = x^2 - 2xy - 2y^2$

(5) $f(x, y) = (x + y - 1)^2$ (6) $f(x, y) = x^3 - 6xy + 8y^3$

問 9.7.2 極値があればそれを求めよ.

(1) $f(x, y) = e^{x+y}$ (2) $f(x, y) = e^{x^2+y^2}$

(3) $f(x, y) = xye^{xy}$ (4) $f(x, y) = x^2 e^{-x^2-y^2}$

(5) $f(x, y) = e^{(x+y)^3}$ (6) $f(x, y) = \log(1 + x^2 + y^2)$

問 9.7.3 (*) $f(x, y) = x^4 + y^4 - x^2 + xy - y^2$ の極値を求めよ.

● 9.8 陰関数の定理

陰関数 $f(x, y)$ をあたえられた関数とする. ある範囲の x それぞれに方程式 $f(x, y) = 0$ をみたす y がひとつ定まるとする. この対応を $y = \varphi(x)$ で表わすと $f(x, \varphi(x)) = 0$ が成りたつ. この関数 $\varphi(x)$ を $f(x, y) = 0$ が定義する**陰関数**という.

例題 9.8.1 $f(x, y) = x^2 + y^2 - 1$ とする. 点 (a, b) が $f(a, b) = 0$ をみたすとき, $f(x, \varphi(x)) = 0, b = \varphi(a)$ をみたす関数 $\varphi(x)$ を求めよ.

解 $x^2 + y^2 - 1 = 0$ から $y = \pm\sqrt{1 - x^2}$. これより $0 < b \leqq 1$ なら $\varphi(x) = \sqrt{1 - x^2}$, $-1 \leqq b < 0$ なら $\varphi(x) = -\sqrt{1 - x^2}$.

$b=0$ のとき $a=\pm 1$ であり, $(1,0)$ と $(-1,0)$ の近くの $(x,0)$ では $(x,\sqrt{1-x^2})$ および $(x,-\sqrt{1-x^2})$ のどちらもが $x^2+y^2-1=0$ をみたしている. したがって $(\pm 1,0)$ では, どちらか一方のみを採用して陰関数が決まる. □

陰関数 $\varphi(x)$ が具体的に書き下せることはまれであるが, 次のような場合, その存在が示せる.

定理 9.8.1 $f(x,y)$ は (a,b) を含むある領域で連続な偏導関数をもち, $f(a,b)=0$, $f_y(a,b) \neq 0$ とする. このとき a を含むある範囲で連続関数 $\varphi(x)$ が定まり, 次をみたす.
$$f(x,\varphi(x))=0, \quad b=\varphi(a)$$
$\varphi(x)$ は微分可能で $\varphi'(x) = -\dfrac{f_x(x,\varphi(x))}{f_y(x,\varphi(x))}$ が成りたつ.

証明の概略 $f(x,y)=0$ をみたす (x,y) はグラフ $z=f(x,y)$ から xy 平面 $z=0$ が切りとる曲線になる.

$z=f(x,y)$ の (a,b) での接平面の方程式は $f(a,b)=0$ より
$$z = f_x(a,b)(x-a) + f_y(a,b)(y-b)$$
になり, xy 平面との交わりは直線
$$f_x(a,b)(x-a) + f_y(a,b)(y-b) = 0$$
である. 仮定 $f_y(a,b) \neq 0$ より
$$y = b + \left(-\frac{f_x(a,b)}{f_y(a,b)}\right)(x-a) \quad \cdots (*)$$
と y について解けるので, この直線は y 軸に平行になることはない. これが陰関数の接線であり, その第1近似になると予想できる. $f(x,y)=0$ はテイラーの定理により
$$0 = f(x,y) = f_x(a,b)(x-a) + f_y(a,b)(y-b) + R$$
とも表わせる. これと第1近似である $(*)$ とを組み合わせると, $f(x,y)=0$ の成りたつことと,
$$y = b + \frac{g(x,y)}{f_y(a,b)} \quad \cdots (**)$$
とが同値であることがわかる. ここで
$$g(x,y) = -f(x,y) + f_y(a,b)(y-b)$$

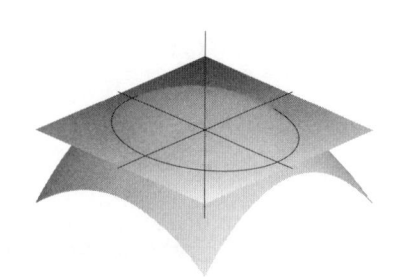

とおいた．定理の仮定から $g(x,y)$ は偏導関数 g_x, g_y を含めて連続であり，i) $g(a,b) = 0$, ii) $g_y(a,b) = 0$ をみたしていることがわかる．これらの事実をつかうと (a,b) のある近傍で $(**)$ の逐次近似列

$$y_{n+1} = b + \frac{g(x, y_n)}{f_y(a,b)}, \quad n = 1, 2, \ldots$$

が定義できて，$\{y_n\}$ が目的の $y = \varphi(x)$ に収束して $(**)$ をみたすこと，さらに $\varphi(x)$ が連続関数であることがわかる．微分可能性を示すための平均変化率 $\dfrac{\varphi(x+h) - \varphi(x)}{h}$ は次のように求められる．$f(x+h, \varphi(x+h)) = 0$, $f(x, \varphi(x)) = 0$ の辺々を引いてから

$$(f(x+h, \varphi(x+h)) - f(x+h, \varphi(x))) + (f(x+h, \varphi(x)) - f(x, \varphi(x))) = 0$$

と書き換える．左辺第1, 2項にそれぞれ変数 y, x について平均値の定理をつかうと

$$f_y\left(x+h, \varphi(x) + \theta_1\left(\varphi(x+h) - \varphi(x)\right)\right) \cdot (\varphi(x+h) - \varphi(x))$$
$$+ f_x(x + \theta_2 h, \varphi(x)) \cdot h = 0, \quad 0 < \theta_1, \theta_2 < 1$$

と表わせて

$$\frac{\varphi(x+h) - \varphi(x)}{h} = -\frac{f_x(x + \theta_2 h, \varphi(x))}{f_y\left(x+h, \varphi(x) + \theta_1\left(\varphi(x+h) - \varphi(x)\right)\right)}$$

をえる．両辺で $h \to 0$ として

$$\varphi'(x) = -\frac{f_x(x, \varphi(x))}{f_y(x, \varphi(x))}$$

がわかる．□

注意！ $f(a,b) = 0$, $f_x(a,b) \neq 0$ のとき，定理9.8.1で x と y を入れ替えることで

$$f(\psi(y), y) = 0, \quad a = \psi(b)$$

をみたす連続関数 $\psi(y)$ が b を含むある範囲で定まることがわかる．□

陰関数の接線 定理9.8.1の仮定が成りたつとき，関数関係 $f(x,y) = 0$ をみたす陰関数が変数 y に代入されているとみなせる．両辺を x で微分すると右辺は0, 左辺を合成関数の微分とみて

$$f_x(x,y) + f_y(x,y)\frac{dy}{dx} = 0$$

がわかる．陰関数の導関数はこれから形式的に

$$\frac{dy}{dx} = -\frac{f_x(x,y)}{f_y(x,y)}$$

と求められる．$f(a,b)=0$, $f_y(a,b) \neq 0$ のとき，陰関数 $y=\varphi(x)$ の (a,b) での接線の方程式は $y = b - \dfrac{f_x(a,b)}{f_y(a,b)}(x-a)$，分母をはらって移項すれば

$$f_x(a,b)(x-a) + f_y(a,b)(y-b) = 0$$

をえる．

問 9.8.1 次の方程式で表わせる曲線上の点 $(x_0, y_0), y_0 \neq 0$ での曲線の接線の方程式を求めよ．

(1) $x^2 + y^2 = 4$　　(2) $(x-1)^2 + y^2 = 1$

(3) $\dfrac{x^2}{3} + \dfrac{y^2}{4} = 1$　　(4) $\dfrac{x^2}{9} - \dfrac{y^2}{4} = 1$

陰関数の極値　$f(x,y)$ は2階までの連続な偏導関数をもつとする．$f(a,b)=0$, $f_y(a,b) \neq 0$ のとき存在する陰関数について

$$\frac{dy}{dx} = -\frac{f_x}{f_y}, \quad \frac{d^2y}{dx^2} = -\frac{f_{xx}f_y^2 - 2f_{xy}f_xf_y + f_{yy}f_x^2}{f_y^3}$$

が成りたつ．

問 9.8.2 陰関数の2階微分が上であたえられることを示せ．

1変数関数の極値は $\dfrac{dy}{dx} = 0$ となる点を求めて，そこでの $\dfrac{d^2y}{dx^2}$ の符号を調べることにより

$$\frac{d^2y}{dx^2} > 0 \text{ なら極小}, \quad \frac{d^2y}{dx^2} < 0 \text{ なら極大}$$

と判定できた．$f(x,y)=0$ から陰関数で定義される y の場合，$f_x=0$ が極値をとる必要条件で，そこでは2階微分が

$$\frac{d^2y}{dx^2} = -\frac{f_{xx}}{f_y}, \quad f_y \neq 0$$

となるので，この右辺の符号を調べればよい．

例題 9.8.2　$2x^2 - 2xy + y^2 - 1 = 0$ から定まる陰関数 y の極値を求めよ．

解　$f(x,y) = 2x^2 - 2xy + y^2 - 1$ について $f_x(x,y) = 4x - 2y = 0$, $f(x,y) = 0$ をみたす点を求めると $(x,y) = \left(\pm\dfrac{1}{\sqrt{2}}, \pm\sqrt{2}\right)$（複号同順）．この2点で $f_y = -2x + 2y \neq 0$ だから陰関数 y が存在する．$-\dfrac{f_{xx}}{f_y}$ の符号をみて $x = \dfrac{1}{\sqrt{2}}$ で極大値 $y = \sqrt{2}$, $x = -\dfrac{1}{\sqrt{2}}$ で極小値 $y = -\sqrt{2}$ をとることがわかる．　□

問 9.8.3 次の関係式から定義される陰関数 y の極値を求めよ．

(1) $\dfrac{x^2}{4} + y^2 - 1 = 0$ 　　(2) $x^2 - xy + y^3 = 7$

(3) $^{(*)}$ $x^3 - 3xy + y^3 = 0$

条件つき極値 (x, y) が条件 $g(x, y) = 0$ をみたしながら変わるときの $u = f(x, y)$ の極大・極小を求める問題を考える．$g_y \neq 0$ なら $g(x, y) = 0$ から定まる陰関数 $y(x)$ を代入して x の関数 $u(x) = f(x, y(x))$ とみなせる．極値をとる x では

$$\frac{du}{dx} = f_x + f_y \frac{dy}{dx} = f_x + f_y \left(-\frac{g_x}{g_y}\right) = 0$$

でなければならない．$\lambda = -\dfrac{f_y}{g_y}$ とおくと，極値をとる点ではふたつの等式

$$f_x + \lambda g_x = 0, \quad f_y + \lambda g_y = 0$$

が成りたっている．$g_x \neq 0$ のときも同様にこの必要条件が導ける．条件 $g(x, y) = 0$ のもとでの $f(x, y)$ の極大・極小は未定の定数 λ により $F = f + \lambda g$ とおいて

$$F_x = f_x + \lambda g_x = 0, \quad F_y = f_y + \lambda g_y = 0, \quad g(x, y) = 0$$

をみたす $(x, y), \lambda$ から探すことになる．この方法を**ラグランジュの未定乗数法**という．

例題 9.8.3 $x^2 - xy + y^2 = 1$ のとき，xy の極値を求めよ．

解 $F = xy + \lambda(x^2 - xy + y^2 - 1)$ とおく．

$$\begin{pmatrix} F_x \\ F_y \end{pmatrix} = \begin{pmatrix} 2\lambda & 1-\lambda \\ 1-\lambda & 2\lambda \end{pmatrix} \begin{pmatrix} x \\ y \end{pmatrix} = \begin{pmatrix} 0 \\ 0 \end{pmatrix}$$

これが $(x, y) \neq (0, 0)$ である解をもつのは，$\lambda = \dfrac{1}{3}, x = -y$ のときと $\lambda = -1, x = y$ のときである．$x^2 - xy + y^2 = 1$ からそれぞれ

$$(x, y) = \left(\pm\frac{1}{\sqrt{3}}, \mp\frac{1}{\sqrt{3}}\right), (\pm 1, \pm 1) \quad (\text{複号同順})$$

が極値をとる点の候補になる．陰関数 $y = \varphi(x)$ により $u(x) = xy = x\varphi(x)$ として陰関数の導関数をつかい，

$$u''(x) = 2\varphi'(x) + x\varphi''(x)$$

を計算すると $u''\left(\pm\dfrac{1}{\sqrt{3}}\right) = \dfrac{8}{3} > 0$, $u''(\pm 1) = -8 < 0$．$\left(\pm\dfrac{1}{\sqrt{3}}, \mp\dfrac{1}{\sqrt{3}}\right)$ で極小値（最小値）$-\dfrac{1}{3}$, $(\pm 1, \pm 1)$ で極大値（最大値）1 をとる． □

問 9.8.4 条件 $g(x,y) = 0$ のもとでの $f(x,y)$ での極値を求めよ.

(1) $f(x,y) = x^2 + xy + y^2$, $g(x,y) = xy - 1$
(2) $f(x,y) = xy$, $g(x,y) = x^2 + xy + y^2 - 1$
(3) $f(x,y) = x^3 + y$, $g(x,y) = x^2 - y^2 - 1$

問題

1. 極値があればそれを求めよ.

   (1) $x^2 + xy + y^2$
   (2) $x^2 + xy - y^2 + x + y$
   (3) $x^2 - xy + y^2$
   (4) $x^2 - 2xy - 2y^2 + 4x - 2y$
   (5) $x^2 + 4xy + y^2 - 2x - 4y$
   (6) $x^2 y$
   (7) $(x^2 + y^2)^2$
   (8) $(x + 2y)^3$
   (9) $3xy + x^3 + y^3$
   (10) $x^3 + y^3 + 3x^2 - 3y^2$
   (11) $\dfrac{1}{1 + x^2 + y^2}$
   (12) $4xy - x^4 - y^4$
   (13) $(1 + x^2 + y^2)^3$
   (14) $x^4 + y^4 + 4xy$
   (15) $e^{-x}(x^2 + y^2)$
   (16) $x^2 y + xy$
   (17) $e^{-x^2 - y^2}$
   (18) $(x^2 + y^2)e^{-x^2 - y^2}$
   (19) ye^{-x^2}
   (20) $(x^2 - y^2)e^{-x^2 - y^2}$
   (21) $-x^3 + 9xy - y^3$
   (22) $x^2 + y^2 + y^3$
   (23) e^{xy}
   (24) $x^3 + 2xy - x - 2y$

2. 体積が V（正定数）の直方体で 3 辺の長さの和が最小となるものを求めよ.

3. $z = f(x,y)$, $x = e^u \cos v$, $y = e^u \sin v$ のとき

$$\frac{\partial^2 z}{\partial x^2} + \frac{\partial^2 z}{\partial y^2} = e^{-2u}\left(\frac{\partial^2 z}{\partial u^2} + \frac{\partial^2 z}{\partial v^2}\right)$$

となることを示せ.

4. $z = f(x,y)$ において極座標 r, θ により $x = r\cos\theta$, $y = r\sin\theta$ とおくとき
   (1) z_x, z_y を z_r, z_θ で表わし

$$\left(\frac{\partial z}{\partial x}\right)^2 + \left(\frac{\partial z}{\partial y}\right)^2 = \left(\frac{\partial z}{\partial r}\right)^2 + \frac{1}{r^2}\left(\frac{\partial z}{\partial \theta}\right)^2$$

を示せ.
   (2) 次を示せ.

$$\frac{\partial^2 z}{\partial x^2}+\frac{\partial^2 z}{\partial y^2}=\frac{\partial^2 z}{\partial r^2}+\frac{1}{r}\frac{\partial z}{\partial r}+\frac{1}{r^2}\frac{\partial^2 z}{\partial \theta^2}$$

5. $f(t), g(t)$ が t で2回微分可能とする.
   (1) $z=f(x)g(y)$ のとき
   $$\frac{\partial z}{\partial x}\frac{\partial z}{\partial y}=z\frac{\partial^2 z}{\partial x \partial y}$$
   となることを示せ.
   (2) $z=yf(x)+xg(y)$ のとき
   $$x\frac{\partial z}{\partial x}+y\frac{\partial z}{\partial y}=z+xy\frac{\partial^2 z}{\partial x \partial y}$$
   となることを示せ.

6. $^{(*)}$ 領域 $D=\{(x,y); |x|<1, |y|<1\}$ で, $f_x=1$, $f_y=0$ となる関数 $f(x,y)$ を求めよ.

7. $^{(*)}$ 領域 $D=\{(x,y); |x|<1, |y|<1\}$ で, $f_x=y+1$, $f_y=x+2$ となる関数 $f(x,y)$ を求めよ.

8. $^{(*)}$ $z=f(x,y)$ が1変数関数 $g(t)$ により $z=g(x+y)$ と表わせるための必要十分条件は, $f_x(x,y)-f_y(x,y)=0$ であることを示せ.

9. $^{(*)}$ $z=f(x,y)$ が1変数関数 $g(t)$ により $z=g(r)$, $r=\sqrt{x^2+y^2}$ と表わせるための必要十分条件は, $-yf_x(x,y)+xf_y(x,y)=0$ であることを示せ.

10. $^{(*)}$ 次の関数の $\{(x,y); x^2+y^2 \leqq 1\}$ での最大値・最小値を求めよ.
    (1) xy　　(2) x^2+xy+y^2

第10章 重積分

● 10.1 重積分と累次積分

長方形上での重積分 xy 平面上で縦横の辺がそれぞれ座標軸に平行な長方形領域

$$R = \{(x,y); a \leqq x \leqq b,\ c \leqq y \leqq d\}$$

と，そこで定義された関数 $z = f(x,y)$ を考える．

R の両辺を表わす区間

$$a \leqq x \leqq b,$$
$$c \leqq y \leqq d$$

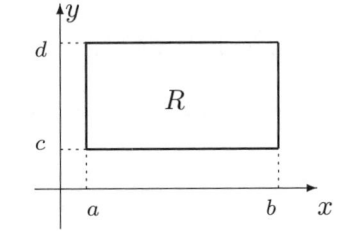

をそれぞれ小区間に分割する．

$$P : \begin{cases} a = x_0 < x_1 < x_2 < \cdots < x_{m-1} < x_m = b \\ c = y_0 < y_1 < y_2 < \cdots < y_{n-1} < y_n = d \end{cases}$$

R は $m \times n$ 個の小長方形

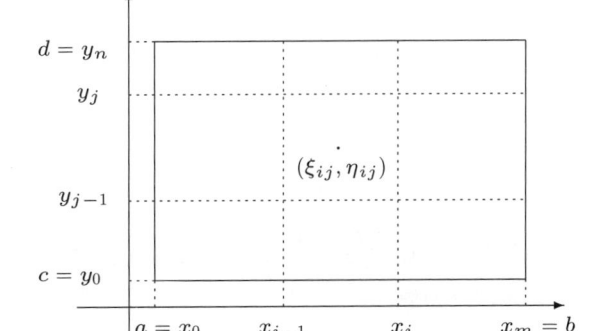

$$R_{ij} = \{x_{i-1} \leqq x \leqq x_i,$$
$$y_{j-1} \leqq y \leqq y_j\},$$
$$i = 1, \ldots, m,$$
$$j = 1, \ldots, n$$

に分割される．

小長方形の辺の長さの最大値

$$m(P) = \max\{x_i - x_{i-1}, y_j - y_{j-1};\ i = 1, \ldots, m, j = 1, \ldots, n\}$$

を分割 P の大きさとよび，左辺 $m(P)$ で表わす．各 R_{ij} から任意に 1 点 (ξ_{ij}, η_{ij}) $(x_{i-1} \leqq \xi_{ij} \leqq x_i, y_{j-1} \leqq \eta_{ij} \leqq y_j)$ を選び，小長方形 R_{ij} の面積 $(x_i - x_{i-1})(y_j - y_{j-1})$ と関数値 $f(\xi_{ij}, \eta_{ij})$ との積の総和

$$S_P = \sum_{i=1}^{m} \sum_{j=1}^{n} f(\xi_{ij}, \eta_{ij})(x_i - x_{i-1})(y_j - y_{j-1})$$

をつくって，**近似和**とよぶことにする．分割 P を限りなく細かくし $m(P) \to 0$ とするとき

R の小長方形への分割の仕方，

各小長方形 R_{ij} からの点 (ξ_{ij}, η_{ij}) の選び方

に無関係に近似和 S_P がある一定の値 I に近づくとき，$f(x,y)$ は R 上で**積分可能**といい，

$$I = \iint_R f(x,y) dx dy$$

と表わす．以上をまとめておく．

・長方形上の重積分・

$$\iint_R f(x,y) dx dy = \lim_{m(P) \to 0} \sum_{i=1}^{m} \sum_{j=1}^{n} f(\xi_{ij}, \eta_{ij})(x_i - x_{i-1})(y_j - y_{j-1})$$

注意！ 関数 $z = f(x,y)$ が長方形領域 $R = \{a \leqq x \leqq b, c \leqq y \leqq d\}$ で連続ならば，上の定義の意味で積分可能である．重積分の値 I の実際の計算は，次節で説明する 1 変数関数の積分の繰り返しがつかわれる．　□

累次積分　説明を簡単にするため $f(x,y)$ は上の長方形領域 R で連続とする．x を固定するごとに変数 y の関数として区間 $c \leqq y \leqq d$ で連続になるので，定積分

$$G(x) = \int_c^d f(x,y) dy$$

の値が各 $x (a \leqq x \leqq b)$ ごとに定まる．同じく各 $y (c \leqq x \leqq d)$ ごとに区間 $a \leqq x \leqq b$ 上の定積分の値

$$F(y) = \int_a^b f(x,y) dx$$

が定まる．これらをつかうと重積分が1変数関数の積分の繰り返しで計算できることが次のようにしてわかる．

分割 P から近似和 S_P をつくるとき，各 R_{ij} から選ぶ点 (ξ_{ij}, η_{ij}) を

$$\xi_{i1} = \xi_{i2} = \cdots = \xi_{in} = \xi_i, \quad i = 1, 2, \cdots, m$$

$$\eta_{1j} = \eta_{2j} = \cdots = \eta_{mj} = \eta_j, \quad j = 1, 2, \cdots, n$$

をみたすようにとる．極限をとる前の近似和

$$S_P = \sum_{i=1}^{m} \sum_{j=1}^{n} f(\xi_i, \eta_j)(x_i - x_{i-1})(y_j - y_{j-1})$$

において，添え字 $i = 1, \ldots, m$ について ξ_i のひとつを一旦固定し，添え字 $j = 1, \ldots, n$ についての和を先にとる．

$$S_P = \sum_{i=1}^{m} \left\{ \sum_{j=1}^{n} f(\xi_i, \eta_j)(y_j - y_{j-1}) \right\} (x_i - x_{i-1})$$

区間 $c \leqq y \leqq d$ の分割を細かくすると $\{\cdots\}$ 内の $\sum$ は定積分の定義により，

$$\sum_{j=1}^{n} f(\xi_i, \eta_j)(y_j - y_{j-1}) \to \int_c^d f(\xi_i, y) dy = G(\xi_i)$$

とできる．そして区間 $a \leqq x \leqq b$ の分割を細かくするとき，近似和

$$\sum_{i=1}^{m} G(\xi_i)(x_i - x_{i-1})$$

は定積分 $\int_a^b G(x) dx$ に収束する．したがって，

$$\iint_R f(x, y) dx dy = \lim_{m(P) \to 0} \sum_{i=1}^{m} \left\{ \sum_{j=1}^{n} f(\xi_i, \eta_j)(y_j - y_{j-1}) \right\} (x_i - x_{i-1})$$

$$= \lim_{m(\Delta_x) \to 0} \sum_{i=1}^{m} \int_c^d f(\xi_i, y) dy (x_i - x_{i-1}) = \int_a^b \left\{ \int_c^d f(x, y) dy \right\} dx$$

の順に積分を繰り返せばよい．ここで $m(\Delta_x)$ は x の区間の分割

$$\Delta_x : a = x_0 < x_1 < x_2 < \cdots < x_{m-1} < x_m = b$$

の大きさを表わすものとする．x と y を入れ替えても同様に計算できるので次をえる．

定理 10.1.1（累次積分） $R = \{a \leqq x \leqq b, c \leqq y \leqq d\}$ のとき

$$\iint_R f(x,y)dxdy = \int_a^b \left\{\int_c^d f(x,y)dy\right\} dx$$
$$= \int_c^d \left\{\int_a^b f(x,y)dx\right\} dy$$

注意！ 重積分を1変数の積分の繰り返しで求めることを**逐次積分**ともいう． □

例題 10.1.1 $R = \{0 \leqq x \leqq 1, 1 \leqq y \leqq 2\}$ とする．重積分の値 $\iint_R x^2 y\, dxdy$ を2通りの累次積分で求めよ．

解
$$\iint_R x^2 y\, dxdy = \int_1^2 \left(\int_0^1 x^2 y\, dx\right) dy = \int_1^2 \left[\frac{1}{3}x^3 y\right]_0^1 dy$$
$$= \int_1^2 \frac{1}{3}y\, dy = \left[\frac{1}{6}y^2\right]_1^2 = \frac{1}{2}$$
$$\iint_R x^2 y\, dxdy = \int_0^1 \left(\int_1^2 x^2 y\, dy\right) dx = \int_0^1 \left[\frac{1}{2}x^2 y^2\right]_1^2 dy$$
$$= \int_0^1 \frac{3}{2}x^2\, dy = \left[\frac{1}{2}x^3\right]_0^1 = \frac{1}{2} \quad □$$

問 10.1.1 累次積分の値を求めよ．

(1) $\int_0^1 \left(\int_1^2 xy\, dx\right) dy$ 　　　(2) $\int_0^1 \left(\int_1^2 y\, dx\right) dy$

(3) $\int_{-1}^1 \left(\int_0^2 (x+y)dy\right) dx$ 　　　(4) $\int_0^1 \left(\int_{-1}^0 (xy + x^2 y^2)dy\right) dx$

(5) $\int_{-1}^1 \left(\int_0^2 x \sin x \cos y\, dy\right) dx$ 　　　(6) $\int_1^2 \left(\int_1^2 y \log y \log x\, dy\right) dx$

問 10.1.2 重積分の値を求めよ．

(1) $\iint_R (x^2 y + xy^2)dxdy$, 　　　$R = \{-1 \leqq x \leqq 1, 0 \leqq y \leqq 1\}$

(2) $\iint_R \sin(x+2y)dxdy$, 　　　$R = \{-\pi \leqq x \leqq \pi, 0 \leqq y \leqq \pi\}$

(3) $\iint_R e^{x+y} dxdy$, 　　　$R = \{0 \leqq x \leqq \log 2, 0 \leqq y \leqq 2\}$

一般の領域での重積分　xy 平面内の領域

$$D = \{(x,y); a \leqq x \leqq b, \varphi_1(x) \leqq y \leqq \varphi_2(x)\}$$

を考える．$f(x,y)$ は D で連続とする．

D を含む長方形領域

$$R = \{(x,y); a \leqq x \leqq b, c \leqq y \leqq d\}$$

をとり，D の外では

$$f(x,y) = 0$$

とおくことで，$f(x,y)$ を R 上の関数とみなす．

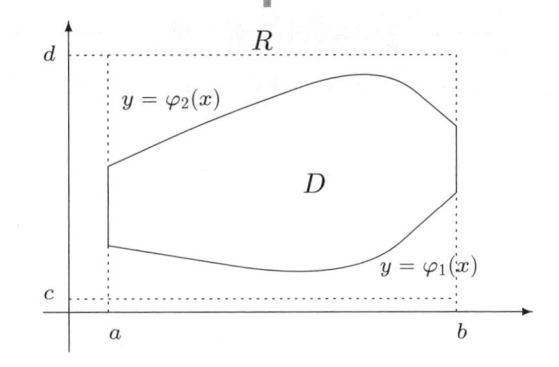

そして D 上の重積分 $\iint_D f(x,y)dxdy$ を前節の分割の極限による $\iint_R f(x,y)dxdy$ で定義すると累次積分により

$$\iint_R f(x,y)dxdy = \int_a^b \left(\int_c^d f(x,y)dy \right) dx$$

と書き直せる．拡張の仕方から

$$c \leqq y \leqq \varphi_1(x), \quad \varphi_2(x) \leqq y \leqq d$$

ならば $f(x,y) = 0$ なので，各 x $(a \leqq x \leqq b)$ ごとに

$$\int_c^d f(x,y)dy = \int_{\varphi_1(x)}^{\varphi_2(x)} f(x,y)dy$$

となり，計算には D 内の値しかつかわない．したがって

$$\iint_D f(x,y)dxdy = \int_a^b \left(\int_{\varphi_1(x)}^{\varphi_2(x)} f(x,y)dy \right) dx$$

としてさしつかえない．領域が

$$D = \{(x,y); c \leqq y \leqq d, \psi_1(y) \leqq x \leqq \psi_2(y)\}$$

であたえられているときも同様にして

$$\iint_D f(x,y)dxdy$$
$$= \int_c^d \left(\int_{\psi_1(y)}^{\psi_2(y)} f(x,y)dx \right) dy$$

と累次積分に直せることがわかる．

> **・一般の領域の累次積分・**
>
> $D = \{(x,y); a \leqq x \leqq b,\ \varphi_1(x) \leqq y \leqq \varphi_2(x)\}$ のとき
> $$\iint_D f(x,y)dxdy = \int_a^b \left(\int_{\varphi_1(x)}^{\varphi_2(x)} f(x,y)dy\right) dx$$
> $D = \{(x,y); c \leqq y \leqq d,\ \psi_1(y) \leqq x \leqq \psi_2(y)\}$ のとき
> $$\iint_D f(x,y)dxdy = \int_c^d \left(\int_{\psi_1(y)}^{\psi_2(y)} f(x,y)dx\right) dy$$

例題 10.1.2 $D = \{(x,y); x^2 \leqq y \leqq 2x\}$ のとき領域 D を図示し，累次積分により

$$\iint_D (x+xy)dxdy$$

の値を求めよ．

解 曲線 $y=x^2$ と直線 $y=2x$ の交点は

$$(x,y) = (0,0), (2,4)$$

$0 \leqq x \leqq 2$ のときのみ $x^2 \leqq y \leqq 2x$ をみたす y が存在する．

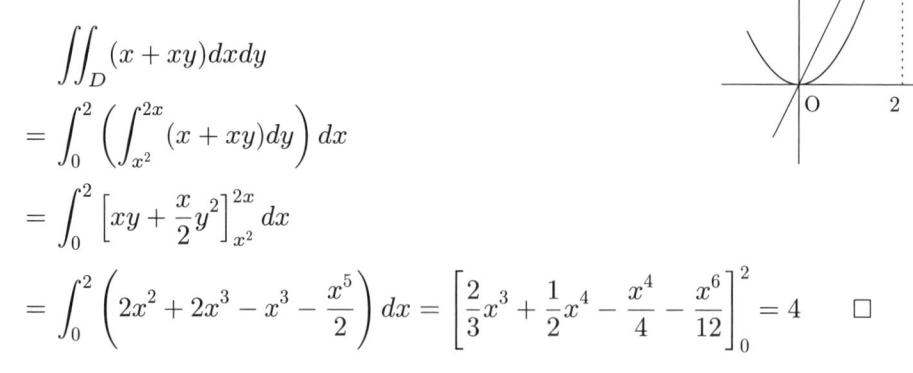

$$\iint_D (x+xy)dxdy$$
$$= \int_0^2 \left(\int_{x^2}^{2x} (x+xy)dy\right) dx$$
$$= \int_0^2 \left[xy + \frac{x}{2}y^2\right]_{x^2}^{2x} dx$$
$$= \int_0^2 \left(2x^2 + 2x^3 - x^3 - \frac{x^5}{2}\right) dx = \left[\frac{2}{3}x^3 + \frac{1}{2}x^4 - \frac{x^4}{4} - \frac{x^6}{12}\right]_0^2 = 4 \quad \square$$

問 10.1.3 上の例題の重積分が次の累次積分に書き直せることを示し，値を確かめよ．

$$\iint_D (x+xy)dxdy = \int_0^4 \left(\int_{y/2}^{\sqrt{y}} (x+xy)dx\right) dy$$

例題 10.1.2 と問 10.1.3 は，領域の見方を変えれば積分する変数の順序を変えられることを示している．これを**累次積分の順序変更**という．次の順序変更はよくつかわれる．

領域 $D = \{a \leqq y \leqq x \leqq b\}$ (a, b は定数で $a < b$) で $f(x, y)$ が連続であるとき

$$\iint_D f(x, y) dx dy = \int_a^b \left(\int_a^x f(x, y) dy \right) dx$$
$$= \int_a^b \left(\int_y^b f(x, y) dx \right) dy$$

問 10.1.4 上の累次積分の順序変更を示せ.

問 10.1.5 次の累次積分の順序を変更せよ.

(1) $\displaystyle\int_0^1 \left(\int_x^1 f(x, y) dy \right) dx$ (2) $\displaystyle\int_0^1 \left(\int_{x^2}^x f(x, y) dy \right) dx$

(3) $\displaystyle\int_0^1 \left(\int_{\sqrt{x}}^1 f(x, y) dy \right) dx$ (4) $\displaystyle\int_0^1 \left(\int_0^{x^2} f(x, y) dy \right) dx$

問 10.1.6 次の重積分の値を求めよ.

(1) $\displaystyle\iint_D x^2 \, dx dy, \quad D = \{x \geqq 0, \, y \geqq 0, \, 4x^2 + y^2 \leqq 1\}$

(2) $\displaystyle\iint_D xy \, dx dy, \quad D = \{x \geqq y^2, \, y \geqq x^2\}$

10.2 重積分と体積

近似和と体積 重積分で計算される量について考えてみよう. 長方形領域 R で $f(x, y)$ は連続, $f(x, y) \geqq 0$ とする. このとき, 近似和 S_P で加えられる各項

$$f(\xi_{ij}, \eta_{ij})(x_i - x_{i-1})(y_j - y_{j-1})$$

は小長方形 R_{ij} を底面とし関数値 $f(\xi_{ij}, \eta_{ij})$ を高さとする直方体の体積になる.

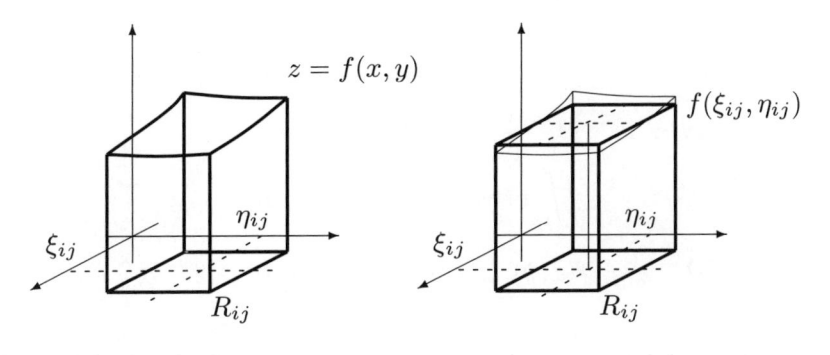

近似和 $S_P = \sum_{i=1}^{m}\sum_{j=1}^{n} f(\xi_{ij},\eta_{ij})(x_i - x_{i-1})(y_j - y_{j-1})$
はこうしてつくられる小直方体の体積の総和になる．分割 P を細かくしていくと，小直方体全体はグラフ $z = f(x,y)$ と底面の長方形 R の間をよりすきまなく埋めつくす．右図のようなグラフになる関数について，底面を 10×10 個の長方形に分割したときの直方体全体が下左図，25×25 個のときが下右図のようになる．

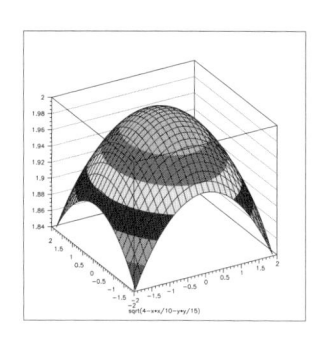

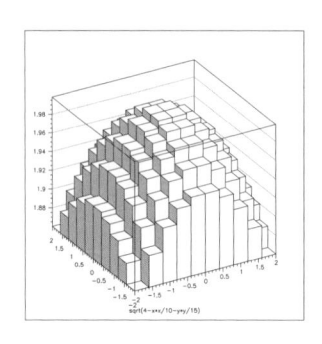

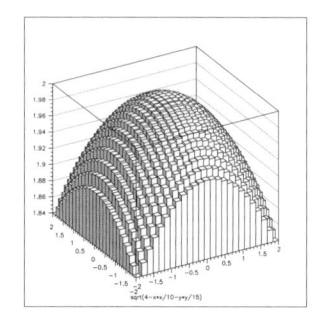

以上から $f(x,y) \geqq 0$ ならば分割の極限 $m(P) \to 0$ でえられる重積分 $\iint_R f(x,y)dxdy$ はグラフ $z = f(x,y)$ と底面の長方形 R の間にある立体の体積とみてよい．一般の領域の場合も同様である．

──・重積分による体積の計算・──────────────

領域 D で連続関数 $f(x,y)$ が $f(x,y) \geqq 0$ をみたしているとする．
このとき重積分
$$\iint_D f(x,y)dxdy$$
の値は底面 D 上においてグラフ $z = f(x,y)$ で覆われ，z 軸に平行な側面をもつ立体の体積を表わす．

面積の場合と同じく次もいえる．

領域 D で $f(x,y) \geqq g(x,y)$ のとき，重積分
$$\iint_D (f(x,y) - g(x,y))\,dxdy$$
の値は D 上でグラフ $z = f(x,y)$ とグラフ $z = g(x,y)$ の間にある立体の体積を表わす．

例題 10.2.1 $O(0,0,0), A(a,0,0), B(0,b,0), C(0,0,c)\ (a,b,c>0)$ を頂点とする四面体の体積 $\dfrac{abc}{6}$ を重積分で確かめよ．

解 A, B, C を通る平面の方程式は $\dfrac{x}{a}+\dfrac{y}{b}+\dfrac{z}{c}=1$ だから四面体 $OABC$ は空間で
$$x \geqq 0, \quad y \geqq 0, \quad 0 \leqq z \leqq c\left(1-\frac{x}{a}-\frac{y}{b}\right)$$
をみたす領域になる．
$$D=\left\{x \geqq 0, y \geqq 0, \frac{x}{a}+\frac{y}{b} \leqq 1\right\}$$
として四面体の体積 V は
$$V=\iint_D c\left(1-\frac{x}{a}-\frac{y}{b}\right)dxdy = \int_0^a\left(\int_0^{b(1-\frac{x}{a})} c\left(1-\frac{x}{a}-\frac{y}{b}\right)dy\right)dx$$
$$= c\int_0^a\left[y-\frac{xy}{a}-\frac{y^2}{2b}\right]_0^{b(1-\frac{x}{a})}dx = \frac{bc}{2}\int_0^a\left(1-\frac{x}{a}\right)^2 dx$$
$$= \frac{bc}{2}\left[-\frac{a}{3}\left(1-\frac{x}{a}\right)^3\right]_0^a = \frac{abc}{6} \quad \square$$

問 10.2.1 $|x|\leqq 1, |y|\leqq 1, |z|\leqq |xy|$ をみたす点のつくる立体の体積を求めよ．

問 10.2.2 曲面 $z=(1-x)(1-y)$ と平面 $x=0, y=0, z=0$ が囲む立体の体積を求めよ．

問 10.2.3 重積分
$$V=\iint_D x\,dxdy, \quad D=\{x^2+y^2\leqq 1,\ x\geqq 0\}$$
で体積が求められる立体を図示せよ．また体積を求めよ．

問 10.2.4 $^{(*)}$ $x\geqq 0, y\geqq 0, 0\leqq x+y\leqq 1, 0\leqq z\leqq \sqrt{xy}$ であたえられる立体の体積を求めよ．

10.3 重積分の変数変換

1次変換 (x,y) が変数 (u,v) により

$$\begin{cases} x = pu + qv + a \\ y = ru + sv + b \end{cases}, \quad p, q, r, s, a, b \text{ は定数}$$

と表わされているとする．この写像（変数変換）$(u,v) \to (x,y)$ により uv 平面上の 4 点 $O(0,0), P(1,0), Q(0,1), R(1,1)$ は xy 平面上の 4 点 $A(a,b), B(p+a, r+b), C(q+a, s+b), D(p+q+a, r+s+b)$ に写される．1 次変換なので直線は直線に写されることから，正方形 $OPRQ$ は平行四辺形 $ABDC$ に写されることがわかる．

$\overrightarrow{AB} = \begin{pmatrix} p \\ r \end{pmatrix}, \overrightarrow{AC} = \begin{pmatrix} q \\ s \end{pmatrix}$ のつくる平行四辺形の面積は

$$|ps - qr| = \left| \det \begin{pmatrix} p & q \\ r & s \end{pmatrix} \right|$$

になる．一般の領域の場合は微小正方形に分割することで写像

$$\begin{pmatrix} x \\ y \end{pmatrix} = \begin{pmatrix} p & q \\ r & s \end{pmatrix} \begin{pmatrix} u \\ v \end{pmatrix} + \begin{pmatrix} a \\ b \end{pmatrix}$$

により面積が $\left| \det \begin{pmatrix} p & q \\ r & s \end{pmatrix} \right|$ 倍された図形に写されることがわかる．

注意！ $ps - qr < 0$ の場合は正方形 $OPRQ$ が右のように平行四辺形に写され，頂点が A, B, D, C の順に時計回りに並ぶ．$ps - qr = 0$ のときは平行四辺形にならない． □

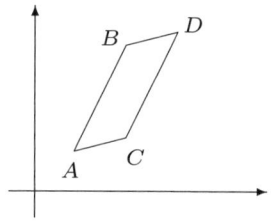

一般の変数変換 uv 平面の領域 K が写像（変数変換）

$$(u,v) \to (x,y) = (\varphi(u,v), \psi(u,v))$$

により xy 平面の領域 D に写されるとする．このとき D 上の重積分 $\iint_D f(x,y) dx dy$ を変数変換で K 上の重積分に書き換える方法を説明する．φ, ψ はともに K の各点で全微分可能で，$\dfrac{\partial(\varphi, \psi)}{\partial(u, v)} \neq 0$ （ヤコビアン，131 page）を仮定しておく．

●10.3 重積分の変数変換

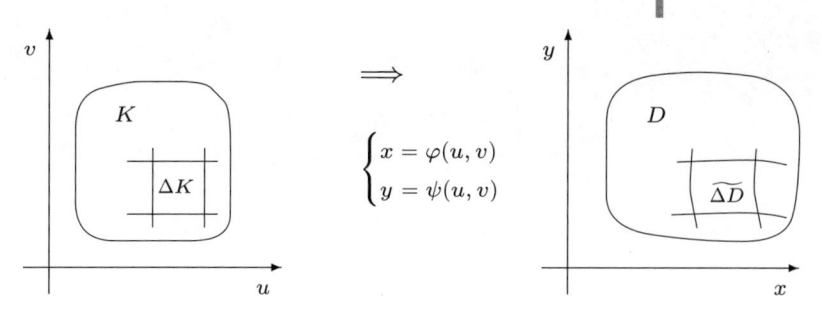

合成関数 $f((x,y)) = f(\varphi(u,v), \psi(u,v))$ により K 上の重積分に書き換えるため，K 内に小長方形

$$\Delta K = \{(u,v); u_0 \leqq u \leqq u_0 + h,\ v_0 \leqq v \leqq v_0 + k\}$$

をとる．写像 $(\varphi(u,v), \psi(u,v))$ により ΔK は D 内の小領域 $\widetilde{\Delta D}$ に写される．

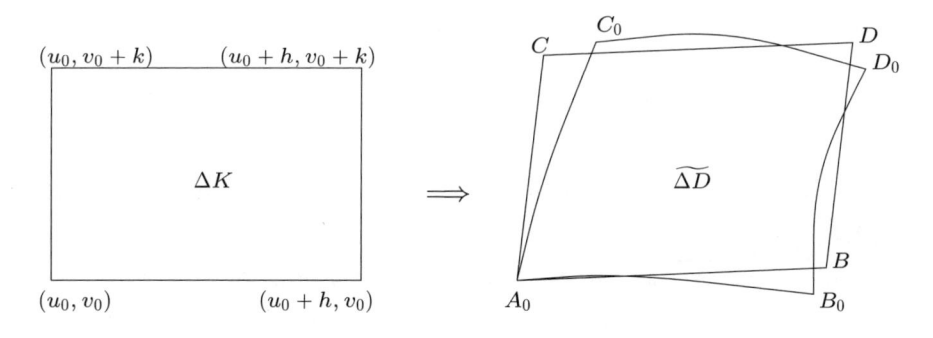

$\widetilde{\Delta D}$ は ΔK の各辺が写された曲線 $A_0 B_0, B_0 D_0, D_0 C_0, C_0 A_0$ で囲まれている．上の図では

$$A_0\left(\varphi(u_0, v_0), \psi(u_0, v_0)\right), B_0\left(\varphi(u_0 + h, v_0), \psi(u_0 + h, v_0)\right),$$

$$D_0\left(\varphi(u_0 + h, v_0 + k), \psi(u_0 + h, v_0 + k)\right),$$

$$C_0\left(\varphi(u_0, v_0 + k), \psi(u_0, v_0 + k)\right)$$

となる．領域 $\widetilde{\Delta D}$ の面積 $S\left(\widetilde{\Delta D}\right)$ を平行四辺形の面積で近似するため，φ, ψ の展開を考える．全微分可能だから

$$\varphi(u_0 + h, v_0 + k) = \varphi_0 + (h\varphi_u + k\varphi_v) + r_1,$$
$$\psi(u_0 + h, v_0 + k) = \psi_0 + (h\psi_u + k\psi_v) + r_2,$$
$$\varphi_0 = \varphi(u_0, v_0)\quad , \psi_0 = \psi(u_0, v_0),$$
$$\varphi_u = \varphi_u(u_0, v_0)\ , \varphi_v = \varphi_v(u_0, v_0),$$
$$\psi_u = \psi_u(u_0, v_0)\ , \psi_v = \psi_v(u_0, v_0),$$
$$\lim_{(h,k)\to(0,0)} \frac{r_j}{\sqrt{h^2 + k^2}} = 0,\quad j = 1, 2$$

と表わせるので，ベクトル

$$\overrightarrow{A_0B} = \begin{pmatrix} h\varphi_u \\ h\psi_u \end{pmatrix}, \quad \overrightarrow{A_0C} = \begin{pmatrix} k\varphi_v \\ k\psi_v \end{pmatrix}$$

のつくる平行四辺形 A_0BDC の面積で $S\left(\widetilde{\Delta D}\right)$ を近似する（前頁右図）．

$$S\left(\widetilde{\Delta D}\right) \fallingdotseq hk\left|\varphi_u\psi_v - \varphi_v\psi_u\right| \quad \cdots (*)$$

領域 K（を含む長方形領域）の微小長方形への分割 P をおこない，写像

$$(u,v) \to (x,y) = (\varphi(u,v), \psi(u,v))$$

により写された D 内の微小領域の面積に上の近似をおこなう．関数値 $f(x_0, y_0) = f(\varphi(u_0,v_0), \psi(u_0,v_0))$ を微小面積にかけて総和をとれば

$$\sum_P f(x_0, y_0) S\left(\widetilde{\Delta D}\right) \fallingdotseq \sum_P f(\varphi(u_0,v_0), \psi(u_0,v_0)) \left|\varphi_u\psi_v - \varphi_v\psi_u\right| hk$$

をえる．この近似式において分割を細かくする極限をとると，左辺は D における近似和の極限なので

$$\sum_P f(x_0, y_0) S\left(\widetilde{\Delta D}\right) \to \iint_D f(x,y) dxdy$$

となる．一方，右辺において hk が微小長方形の面積であることから，分割の極限では

$$\sum_P f(\varphi(u_0,v_0), \psi(u_0,v_0)) \left|\varphi_u\psi_v - \varphi_v\psi_u\right| hk$$

$$\to \iint_K f(\varphi(u,v), \psi(u,v)) \left|\frac{\partial(\varphi, \psi)}{\partial(u, v)}\right| dudv$$

となる．分割の極限 $(h,k) \to (0,0)$ では面積 $(*)$ の誤差は 0 に収束し，等式

$$\iint_D f(x,y) dxdy = \iint_K f(\varphi(u,v), \psi(u,v)) \left|\frac{\partial(\varphi, \psi)}{\partial(u, v)}\right| dudv$$

が成りたつ．

・**重積分の変数変換**・

写像（変数変換）$(u,v) \to (x,y) = (\varphi(u,v), \psi(u,v))$ により uv 平面の領域 K を xy 平面の領域 D に写すとき，

$$\iint_D f(x,y) dxdy = \iint_K f(\varphi(u,v), \psi(u,v)) \left|\frac{\partial(\varphi, \psi)}{\partial(u, v)}\right| dudv$$

が成りたつ．ここで
$$\frac{\partial(\varphi,\psi)}{\partial(u,v)} = \det\begin{pmatrix} \varphi_u & \varphi_v \\ \psi_u & \psi_v \end{pmatrix} = \varphi_u\psi_v - \varphi_v\psi_u$$

例題 10.3.1 重積分の値を求めよ．
$$\iint_D (x-2y)^2\,dxdy, \quad D = \{|x-2y| \leqq 1,\ |2x+y| \leqq 1\}$$

解 $u = x - 2y,\ v = 2x + y$ とおくと $x = \dfrac{u+2v}{5}, y = \dfrac{-2u+v}{5}$．この変数変換で領域 $E = \{(u,v); |u| \leqq 1,\ |v| \leqq 1\}$ は D に写される．

$$\frac{\partial(x,y)}{\partial(u,v)} = \det\begin{pmatrix} \dfrac{1}{5} & \dfrac{2}{5} \\ -\dfrac{2}{5} & \dfrac{1}{5} \end{pmatrix} = \frac{1}{5}$$

より
$$\iint_D (x-2y)^2\,dxdy = \iint_E u^2 \frac{1}{5}\,dudv = \int_{-1}^{1}\left(\int_{-1}^{1}\frac{u^2}{5}\,du\right)dv$$
$$= \int_{-1}^{1}\left[\frac{u^3}{15}\right]_{-1}^{1}dv = \frac{4}{15} \quad \square$$

問 10.3.1 適当な変数変換により重積分の値を求めよ．

(1) $\displaystyle\iint_D (x+y)e^{x-y}\,dxdy, \quad D = \{|x+y| \leqq 1,\ |x-y| \leqq 1\}$

(2) $\displaystyle\iint_D x\,dxdy, \quad D = \left\{x \geqq 0,\ y \geqq 0,\ \sqrt{\dfrac{x}{2}} + \sqrt{\dfrac{y}{2}} \leqq 1\right\}$

極座標による重積分 極座標による変数変換 $x = r\cos\theta,\ y = r\sin\theta$
$$(r,\theta) \to (x,y) = (r\cos\theta,\ r\sin\theta)$$

で xy 平面の領域 D が $r\theta$ 平面の領域 G から写されるとする．このとき

$$\frac{\partial(x,y)}{\partial(r,\theta)} = \det\begin{pmatrix} \dfrac{\partial x}{\partial r} & \dfrac{\partial x}{\partial \theta} \\ \dfrac{\partial y}{\partial r} & \dfrac{\partial y}{\partial \theta} \end{pmatrix} = \det\begin{pmatrix} \cos\theta & -r\sin\theta \\ \sin\theta & r\cos\theta \end{pmatrix} = r \geqq 0$$

となり，よって次の変換公式をえる．

極座標による変数変換

$$\iint_D f(x,y)dxdy = \iint_G f(r\cos\theta, r\sin\theta)\, r\, drd\theta$$

例題 10.3.2 次の重積分を計算せよ.

$$\iint_D x\, dxdy, \quad D = \{x \geqq 0, y \geqq 0, 1 \leqq x^2 + y^2 \leqq 4\}$$

解 領域 D は右のようになるから，原点からの距離と x 軸からの角度の範囲を考えると領域

$$G = \{1 \leqq r \leqq 2,\ 0 \leqq \theta \leqq \frac{\pi}{2}\}$$

が極座標により D に写される.

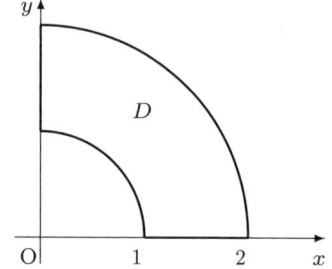

$$\iint_D x\, dxdy = \iint_G r\cos\theta\, r\, drd\theta$$
$$= \int_0^{\frac{\pi}{2}} \left(\int_1^2 r^2 \cos\theta\, dr\right) d\theta = \int_0^{\frac{\pi}{2}} \frac{7}{3}\cos\theta\, d\theta = \frac{7}{3} \quad \square$$

問 10.3.2 次の重積分を計算せよ.

(1) $\iint_D (x^2 + y^2)dxdy, \quad D = \{x^2 + y^2 \leqq 2\}$

(2) $\iint_D xy\, dxdy, \quad D = \{x \geqq 0,\ x^2 + y^2 \leqq 4\}$

(3) $\iint_D \tan^{-1}\frac{y}{x}dxdy, \quad D = \{y \geqq 0,\ x^2 + y^2 \leqq 4\}$

非有界領域の場合 領域 D が原点からいくらでも離れた点を含む場合，つまり D の点列 $P_n(x_n, y_n), n = 1, 2, \ldots$ で $OP_n = \sqrt{x_n^2 + y_n^2} \to \infty$ となるものが存在する場合に次のように重積分を拡張する（広義積分，112 page 参照）. 正数 $R > 0$ に対し，

$$D_R = \{(x,y); (x,y) は D の点で \sqrt{x^2 + y^2} \leqq R\}$$

とおく．（集合の記号をつかうと共通部分 $D_R = D \cap \{x^2 + y^2 \leqq R^2\}$ で表わせる．）

極限値 $\displaystyle\lim_{R\to\infty} \iint_{D_R} f(x,y)dxdy$ が存在するとき，

$$\iint_D f(x,y)dxdy = \lim_{R\to\infty} \iint_{D_R} f(x,y)dxdy$$

で左辺の重積分を定義する.

例題 10.3.3 重積分 $\iint_D \dfrac{1}{(x^2+y^2)^s} dxdy$, $D = \{x^2 + y^2 \geqq 1\}$ が存在するかを調べよ.

解 まず $s \neq 1$ とする. $R > 1$ のとき $D_R = \{1 \leqq x^2 + y^2 \leqq R^2\}$ だから極座標により

$$\iint_{D_R} \frac{1}{(x^2+y^2)^s} dxdy = \int_0^{2\pi} \left(\int_1^R \frac{1}{r^{2s}} r\, dr \right) d\theta$$

$$= 2\pi \left[\frac{1}{2-2s} r^{2-2s} \right]_1^R = \frac{2\pi}{2s-2} \left(1 - \frac{1}{R^{2s-2}} \right)$$

$R \to \infty$ とすると $s < 1$ ならば発散, $s > 1$ ならば極限値 $\dfrac{\pi}{s-1}$ をもつ.

$$\iint_{D_R} \frac{1}{x^2+y^2} dxdy = 2\pi \int_1^R \frac{1}{r} dr = 2\pi \log R$$

で $s = 1$ のときも発散することがわかる. □

問 10.3.3 重積分の値を求めよ.

(1) $\iint_D \dfrac{1}{(x^2+y^2)^2} dxdy$, $D = \{x \geqq 0, x^2 + y^2 \geqq 2\}$

(2) $\iint_D \dfrac{1}{(1+x^2+y^2)^2} dxdy$, $D = \{x^2 + y^2 \geqq 1\}$

(3) $\displaystyle\int_0^\infty \int_0^\infty \dfrac{1}{(x^2+y^2)^2} dxdy$

例題 10.3.4 $\displaystyle\int_{-\infty}^\infty e^{-x^2} dx = \sqrt{\pi}$ を示せ

解 まず $\left(\displaystyle\int_{-\infty}^\infty e^{-x^2} dx \right)^2 = \left(\displaystyle\int_{-\infty}^\infty e^{-x^2} dx \right) \left(\displaystyle\int_{-\infty}^\infty e^{-y^2} dy \right)$

$$= \int_{-\infty}^\infty \int_{-\infty}^\infty e^{-x^2-y^2} dxdy = \lim_{R \to \infty} \iint_{x^2+y^2 \leqq R^2} e^{-x^2-y^2} dxdy$$

極座標により

$$\iint_{x^2+y^2 \leqq R^2} e^{-x^2-y^2} dxdy = \int_0^{2\pi} \left(\int_0^R e^{-r^2} r\, dr \right) d\theta$$

$$= 2\pi \left[-\frac{e^{-r^2}}{2} \right]_0^R = \pi \left(1 - e^{-R^2} \right)$$

をえる. $R \to \infty$ として求める結果をえる. □

この定積分は確率・統計など実用上よく現れる.

$$\int_{-\infty}^{\infty} e^{-x^2}dx = 2\int_{0}^{\infty} e^{-x^2}dx = \sqrt{\pi}$$

● 10.4 曲面の面積

微小面積 曲面 $z = f(x, y)$ 上の点 $A(x_0, y_0, f(x_0, y_0))$ の近傍での曲面の面積を A での接平面をつかって近似してみる．A での接平面の方程式は

$$z = f(x_0, y_0) + f_x(x_0, y_0)(x - x_0) + f_y(x_0, y_0)(y - y_0)$$

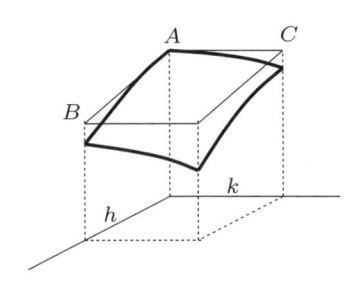

となる．曲面の微小長方形 $x_0 \leqq x \leqq x_0 + h,\ y_0 \leqq y \leqq y_0 + k$ に対応する部分の面積を接平面上の2線分 AB, AC

$$B(x_0 + h, y_0, f(x_0, y_0) + hf_x(x_0, y_0)),$$
$$C(x_0, y_0 + k, f(x_0, y_0) + kf_y(x_0, y_0))$$

のつくる平行四辺形の面積で近似する．

$$\overrightarrow{AB} = h\begin{pmatrix} 1 \\ 0 \\ f_x(x_0, y_0) \end{pmatrix},\quad \overrightarrow{AC} = k\begin{pmatrix} 0 \\ 1 \\ f_y(x_0, y_0) \end{pmatrix}$$

の外積の大きさ $hk\sqrt{1 + f_x(x_0, y_0)^2 + f_y(x_0, y_0)^2}$ が近似微小面積になる．領域 D 上の曲面 $z = f(x, y)$ の面積を求めるために，まず D の小長方形への分割 (P) をとる．各小長方形ごとに上の近似微小面積をつくり，総和

$$\sum_P hk\sqrt{1 + f_x(x_0, y_0)^2 + f_y(x_0, y_0)^2}$$

をとる．hk が小長方形の面積だから，分割の極限 $(h, k) \to (0, 0)$ でえられる重積分

$$\iint_D \sqrt{1 + f_x(x, y)^2 + f_y(x, y)^2}\, dxdy$$

が領域 D 上の曲面 $z = f(x, y)$ の曲面積をあたえる．

> **・曲面の面積・**
> 領域 D 上の曲面 $z = f(x,y)$ の曲面積 S は次であたえられる．
> $$S = \iint_D \sqrt{1 + f_x(x,y)^2 + f_y(x,y)^2}\, dxdy$$

例題 10.4.1 曲面 $z = x^2 + y^2$ の $0 \leqq z \leqq 1$ の部分の表面積を求めよ．

解 領域 $D = \{x^2 + y^2 \leqq 1\}$ 上の曲面積 S を求める．$z_x = 2x, z_y = 2y$ より $S = \iint_D \sqrt{1 + 4x^2 + 4y^2}\, dxdy$．変数変換 $x = r\cos\theta, y = r\sin\theta$ により $0 \leqq r \leqq 1, 0 \leqq \theta \leqq 2\pi$ での重積分になる．

$$\int_0^{2\pi} \left(\int_0^1 \sqrt{1 + 4r^2}\, r\, dr \right) d\theta = 2\pi \left[\frac{1}{12}\left(1 + 4r^2\right)^{\frac{3}{2}} \right]_0^1$$

求める値は $\dfrac{\pi}{6}\left(5\sqrt{5} - 1\right)$． □

問 10.4.1 半径 $a\,(>0)$ の球面 $x^2 + y^2 + z^2 = a^2$ の表面積を求めよ．

回転面の表面積 zx 平面内の曲線 $z = f(x)\,(a \leqq x \leqq b)$ を x 軸のまわりに回転してえられる回転面の表面積 S も微小面積の総和で求められる．

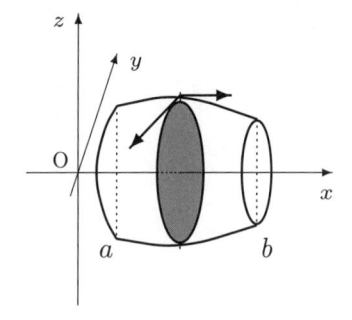

回転してえられる曲面だから，曲面上の点は x と x 軸に直交する平面内での x 軸を中心とする回転を表わす助変数 θ で

$$(x,y,z) = (x, f(x)\cos\theta, f(x)\sin\theta),$$
$$a \leqq x \leqq b,\quad 0 \leqq \theta \leqq 2\pi$$

と表わせる．各成分の x に関する微分

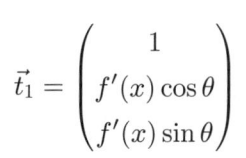

$$\vec{t_1} = \begin{pmatrix} 1 \\ f'(x)\cos\theta \\ f'(x)\sin\theta \end{pmatrix}$$

および θ に関する微分

$$\vec{t_2} = \begin{pmatrix} 0 \\ -f(x)\sin\theta \\ f(x)\cos\theta \end{pmatrix}$$

が回転面に接するベクトルになる．接平面上の微小面積で近似すると $\Delta x \vec{t_1}$ と $\Delta\theta \vec{t_2}$ の外積

$$\Delta x \Delta\theta \begin{pmatrix} f'(x)f(x) \\ -f(x)\cos\theta \\ -f(x)\sin\theta \end{pmatrix}$$

の大きさ $\Delta x \Delta\theta \sqrt{f(x)^2\left(1+(f'(x))^2\right)}$ が近似微小面積になる．総和を求めて分割の極限をとることで

$$S = \int_0^{2\pi}\left(\int_a^b \sqrt{f(x)^2\left(1+(f'(x))^2\right)}\,dx\right)d\theta$$
$$= 2\pi \int_a^b |f(x)|\sqrt{1+(f'(x))^2}\,dx$$

が回転面の表面積をあたえる．

・回転面の表面積・

$z = f(x)\,(a \leqq x \leqq b)$ を x 軸のまわりに回転してえられる曲面の面積 S は

$$S = 2\pi \int_a^b |f(x)|\sqrt{1+(f'(x))^2}\,dx$$

● 10.5　ベータ関数とガンマ関数

ベータ関数　$p, q > 0$ に対し，

$$B(p,q) = \int_0^1 x^{p-1}(1-x)^{q-1}dx$$

で定まる関数をベータ関数という．$1 > p > 0$, $1 > q > 0$ のとき，それぞれ $x = 0, 1$ で被積分関数が無限大になる広義積分 (112 page) になるが，定理 8.6.1 の判定条件より広義積分は存在し，関数は定義される．

・基本性質・

(1) $B(p,q) > 0$

(2) $B(p,q) = B(q,p)$

(3) $B(p, q+1) = \dfrac{q}{p} B(p+1, q)$

(4) $B(p,q) = 2 \int_0^{\frac{\pi}{2}} \sin^{2p-1}\theta \cos^{2q-1}\theta\, d\theta$

(5) $\int_0^{\frac{\pi}{2}} \sin^a\theta \cos^b\theta\, d\theta = \dfrac{1}{2} B\left(\dfrac{a+1}{2}, \dfrac{b+1}{2}\right)$　　$a, b > -1$

(1) は $0 < x < 1$ で $x^p(1-x)^q > 0$ からわかる. (2) は $x = 1-t$ として $dx = -dt$

$$B(p,q) = \int_0^1 x^{p-1}(1-x)^{q-1} dx = \int_1^0 (1-t)^{p-1} t^{q-1}(-dt)$$
$$= \int_0^1 t^{q-1}(1-t)^{p-1} dt = B(q,p)$$

(3) $\quad pB(p, q+1) = \int_0^1 (x^p)'(1-x)^q dx$
$$= [x^p(1-x)^q]_0^1 - \int_0^1 x^p q(1-x)^{q-1}(-1)dx = qB(p+1, q)$$

問 10.5.1 $x = \sin^2 \theta$ とおき, 置換積分で (4) を示せ.

問 10.5.2 (4) から (5) を導け.

116 page で紹介したガンマ関数とベータ関数との間には次の関係式が成りたつ.

定理 10.5.1
$$B(p,q) = \frac{\Gamma(p)\Gamma(q)}{\Gamma(p+q)}$$

証明 $R > 0$ に対し,

$$B_R = \{0 \leqq x \leqq R,\ 0 \leqq y \leqq R\},$$
$$C_R = \{0 \leqq \sqrt{x^2+y^2} \leqq R\}$$

とおく. 右図のように C_R は B_R に, B_R は $C_{\sqrt{2}R}$ に含まれるので, 積 $\Gamma(p)\Gamma(q)$ の重積分での表現に用いる関数 $f(x,y) = 4e^{-x^2-y^2}x^{2p-1}y^{2q-1} > 0$ について, 各領域での重積分の間に不等式

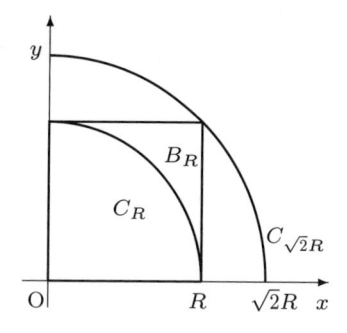

$$\iint_{C_R} f(x,y)dxdy \leqq \iint_{B_R} f(x,y)dxdy \leqq \iint_{C_{\sqrt{2}R}} f(x,y)dxdy$$

が成りたつ. 極座標で変換すると累次積分により

$$\iint_{C_R} f(x,y)dxdy$$
$$= 4\int_0^{\frac{\pi}{2}} \left(\int_0^R e^{-r^2} r^{2p-1} r^{2q-1} \cos^{2p-1}\theta \sin^{2q-1}\theta\, r\, dr \right) d\theta$$
$$= 2\int_0^R e^{-r^2} r^{2p+2q-1} dr \cdot 2\int_0^{\frac{\pi}{2}} \cos^{2p-1}\theta \sin^{2q-1}\theta\, d\theta$$

変数変換 $t=r^2$ により

$$2\int_0^R e^{-r^2} r^{2p+2q-1} dr = \int_0^{R^2} e^{-t} t^{p+q-1} dt$$

と書き換えできて，基本性質 (4) と合わせて

$$\lim_{R\to\infty} \iint_{C_R} f(x,y) dxdy$$
$$= \int_0^\infty e^{-t} t^{p+q-1} dt \cdot 2\int_0^{\frac{\pi}{2}} \cos^{2p-1}\theta \sin^{2q-1}\theta\, d\theta$$
$$= \Gamma(p+q) B(p,q)$$

をえる．同様に 4 分円 $C_{\sqrt{2}R}$ での重積分も

$$\lim_{R\to\infty} \iint_{C_{\sqrt{2}R}} f(x,y) dxdy = \Gamma(p+q) B(p,q)$$

となることがわかる．一方，B_R 上の重積分は累次積分と変数変換により

$$\iint_{B_R} f(x,y) dxdy = \iint_{B_R} 4e^{-x^2-y^2} x^{2p-1} y^{2q-1} dxdy$$
$$= \left(2\int_0^R e^{-x^2} x^{2p-1} dx\right)\left(2\int_0^R e^{-y^2} y^{2q-1} dy\right) \to \Gamma(p)\Gamma(q) \quad (R\to\infty)$$

となり，不等式で $R\to\infty$ として求める等式をえる． □

広範囲の関数の定積分の計算がガンマ関数，ベータ関数に帰着できる．すでに

$$\Gamma(1) = 1, \quad \Gamma(n+1) = n!,\ n=1,2,\ldots$$

をみたが，重積分でえられる結果 (161 page) から次もわかる．

例題 10.5.1 $\Gamma\left(\dfrac{1}{2}\right) = \sqrt{\pi}$ を示せ．

解 定義 $\Gamma\left(\dfrac{1}{2}\right) = \int_0^\infty e^{-x} x^{\frac{1}{2}-1} dx$ で変換 $x = t^2$ をおこなうと

$$\Gamma\left(\frac{1}{2}\right) = 2\int_0^\infty e^{-t^2} dt = \sqrt{\pi}$$

がわかる． □

基本性質 (5)，定理 10.5.1 の等式およびガンマ関数についての等式 (116 page) をつかうと次のような計算ができる．

例題 10.5.2 $\int_0^{\frac{\pi}{2}} \sin^2\theta \cos^3\theta \, d\theta$ の値を求めよ.

解
$$\int_0^{\frac{\pi}{2}} \sin^2\theta \cos^3\theta \, d\theta = \frac{1}{2}B\left(\frac{2+1}{2}, \frac{3+1}{2}\right) = \frac{1}{2}\frac{\Gamma\left(\frac{3}{2}\right)\Gamma(2)}{\Gamma\left(\frac{7}{2}\right)}$$
$$= \frac{1}{2}\frac{\frac{1}{2}\cdot\Gamma\left(\frac{1}{2}\right)\cdot 1}{\frac{5}{2}\cdot\frac{3}{2}\cdot\frac{1}{2}\cdot\Gamma\left(\frac{1}{2}\right)} = \frac{2}{15} \quad \Box$$

例題 10.5.3 $\int_0^1 \frac{x^5}{\sqrt{1-x^4}}dx$ の値を求めよ.

解 $x^4 = t$ とおくと
$$\int_0^1 \frac{x^5}{\sqrt{1-x^4}}dx = \int_0^1 \frac{t^{\frac{5}{4}}}{\sqrt{1-t}}\frac{1}{4}t^{-\frac{3}{4}}dt = \frac{1}{4}\int_0^1 (1-t)^{-\frac{1}{2}}t^{\frac{1}{2}}dt$$
$$= \frac{1}{4}B\left(\frac{3}{2}, \frac{1}{2}\right) = \frac{1}{4}\frac{\Gamma\left(\frac{3}{2}\right)\Gamma\left(\frac{1}{2}\right)}{\Gamma(2)} = \frac{\pi}{8} \quad \Box$$

問 10.5.3 積分の値を求めよ.

(1) $\int_0^{\frac{\pi}{2}} \sin^3\theta \cos^3\theta \, d\theta$ (2) $\int_0^{\frac{\pi}{2}} \sin^5\theta \cos^7\theta \, d\theta$

(3) $\int_0^1 \frac{x}{\sqrt{1-x^4}}dx$ (4) $\int_0^\infty e^{-x^2}x^5 dx$

問題

1. 長方形 $R = \{a \leqq x \leqq b, \ c \leqq y \leqq d\}$ 上で $f(x,y) = k$ （一定）であるとき, 定義に基づき次を示せ.
$$\iint_R k\,dxdy = k(b-a)(d-c)$$

2. 累次積分の値を求めよ.

(1) $\int_0^1 \left(\int_{-1}^1 3x^2 y\,dx\right) dy$ (2) $\int_0^3 \left(\int_0^2 (4-y^2)dy\right) dx$

(3) $\int_0^3 \left(\int_0^2 x^2 y\,dx\right) dy$ (4) $\int_{-1}^1 \left(\int_{-1}^1 xy\,dx\right) dy$

(5) $\int_1^2 \left(\int_1^2 \frac{1}{xy}dy\right) dx$ (6) $\int_0^\pi \left(\int_{-\pi}^\pi \sin y\,dx\right) dy$

(7) $\int_0^1 \left(\int_0^1 \frac{1}{x+y}dy\right) dx$ (8) $\int_0^\pi \left(\int_0^\pi x\sin x\,dy\right) dx$

(9) $\int_0^1 \left(\int_0^1 e^{x+y}dx\right) dy$ (10) $\int_0^1 \left(\int_0^{\log 2} xe^{-x^2+y}dy\right) dx$

3. 次の累次積分の順序を入れ替えよ.

(1) $\displaystyle\int_0^1 \left(\int_0^x f(x,y)dy\right) dx$
(2) $\displaystyle\int_0^1 \left(\int_0^{1-x} f(x,y)dy\right) dx$
(3) $\displaystyle\int_0^1 \left(\int_{-y}^y f(x,y)dx\right) dy$
(4) $\displaystyle\int_0^1 \left(\int_0^{x^2} f(x,y)dy\right) dx$
(5) $\displaystyle\int_0^1 \left(\int_{x^2}^{2-x} f(x,y)dy\right) dx$
(6) $\displaystyle\int_{-1}^1 \left(\int_0^{|y|} f(x,y)dx\right) dy$
(7) $\displaystyle\int_{-1}^1 \left(\int_0^{e^x} f(x,y)dy\right) dx$
(8) $\displaystyle\int_0^1 \left(\int_0^{\sqrt{1-x^2}} f(x,y)dy\right) dx$

4. 示された領域 D での重積分の値を求めよ.

(1) $\displaystyle\iint_D (x+y)dxdy, \quad D = \{0 \leqq x \leqq 1,\ 0 \leqq y \leqq x\}$

(2) $\displaystyle\iint_D x^2 y\, dxdy, \quad D = \{0 \leqq x \leqq 1,\ 0 \leqq y \leqq x\}$

(3) $\displaystyle\iint_D (x+y)dxdy, \quad D = \{0 \leqq x \leqq 1,\ x \leqq y \leqq 2x\}$

(4) $\displaystyle\iint_D (1+xy)dxdy, \quad D = \{0 \leqq x \leqq 1,\ 0 \leqq y \leqq x^2\}$

(5) $\displaystyle\iint_D x\, dxdy, \quad D = \{1 \leqq y \leqq 2,\ y \leqq x \leqq y^2\}$

(6) $\displaystyle\iint_D 1\, dxdy, \quad D = \{y \geqq 0,\ x^2+y^2 \leqq 1\}$

(7) $\displaystyle\iint_D y\, dxdy, \quad D = \{0 \leqq x \leqq \pi,\ 0 \leqq y \leqq |\sin x|\}$

(8) $\displaystyle\iint_D y\, dxdy, \quad D = \{x^2 \leqq y \leqq |x|\}$

(9) $\displaystyle\iint_D \log\frac{y}{x}\, dxdy, \quad D = \{1 \leqq x \leqq e,\ x \leqq y \leqq x^2\}$

(10) $\displaystyle\iint_D xe^{xy}\, dxdy, \quad D = \left\{1 \leqq y \leqq 2,\ 0 \leqq x \leqq \frac{2}{y}\right\}$

5. 示された領域 D での重積分の値を求めよ.

(1) $\displaystyle\iint_D xy\, dxdy, \quad D = \{y \geqq 0,\ x^2+y^2 \leqq 1\}$

(2) $\displaystyle\iint_D \frac{1}{x^2+y^2}dxdy, \quad D = \{1 \leqq x^2+y^2 \leqq 4\}$

(3) $\displaystyle\iint_D \sqrt{x^2+y^2}\, dxdy, \quad D = \{x^2+y^2 \leqq 1,\ x \geqq 0\}$

(4) $\iint_D x\,dxdy$, $D = \{x^2 + y^2 \leq 1,\ |x| \leq y\}$

(5) $\iint_D \dfrac{1}{1+x^2+y^2}dxdy$, $D = \{2 \leq x^2 + y^2 \leq 3\}$

(6) $\iint_D \dfrac{1}{(1+x^2+y^2)^2}dxdy$, $D = \{x \geq y,\ x^2 + y^2 \leq 1\}$

6. 次の等式を示せ.
$$\int_0^a \left(\int_0^x f(y)dy \right) dx = \int_0^a f(y)(a-y)dy$$

7. 積分順序を換えることで $\displaystyle\int_0^1 \left(\int_x^1 e^{y^2} dy \right) dx$ の値を求めよ.

8. 次の重積分の値を求めよ.
$$\iint_D x^2\,dxdy, \quad D = \{x^2 + y^2 \leq x\}$$

9. 重積分の値を求めよ. D は xy 平面全体とする.
$$\iint_D e^{-\frac{x^2}{a^2}-\frac{y^2}{b^2}}dxdy, \quad a, b > 0$$

10. 次の立体の体積を求めよ.
  (1) 楕円体 $\dfrac{x^2}{a^2} + \dfrac{y^2}{b^2} + \dfrac{z^2}{c^2} \leq 1$
  (2) ふたつの円柱面 $x^2 + z^2 = a^2$, $y^2 + z^2 = a^2$ で囲まれる部分
  (3) 球 $x^2 + y^2 + z^2 \leq a^2$ の円柱 $x^2 + y^2 \leq ax$ 内の部分

11. 次の立体の表面積を求めよ.
  (1) 曲面 $z = xy$ の $x^2 + y^2 \leq 1$ の部分
  (2) 球面 $x^2 + y^2 + z^2 = a^2$ の円柱 $x^2 + y^2 \leq ax$ 内の部分
  (3) 円 $x^2 + (y-2)^2 = 1$ を x 軸のまわりに回転させてつくる回転体

12. (*) 積分 $\displaystyle\int_0^\infty \dfrac{x^{b-1}}{1+x^a}dx$, $a > b > 0$ をガンマ関数で表わせ. ($t = \dfrac{1}{1+x^a}$ とおく.)

13. (*) 次の積分をガンマ関数で表わせ ($a, b > 0$).
  (1) $\displaystyle\int_0^1 x^{a-1}(1-x^b)^3 dx$ 　　(2) $\displaystyle\int_0^\infty \dfrac{x^b}{(1+x)^{a+3}}dx$
  (3) $\displaystyle\int_0^1 x^{a-1}\left(\log \dfrac{1}{x}\right)^{b-1} dx$

略 解

第1章

問 **1.1.1** (1) $(a, 2b)$ (2) $(a, \frac{b}{2})$ (3) $(a, -b)$ (4) $(-a, 2b)$ (5) $(a, 0)$ (6) $(0, 2b)$ (7) $(a, -2b)$
問 **1.2.1** 略 問 **1.2.2** (1) (d) (2) (b) (3) (a) (4) (c) 問 **1.2.3** 略 問 **1.3.1** (1) 0 (2) -1 (3) $\sqrt{2}$ (4) 1 問 **1.3.2** $1, -1$ 問 **1.3.3** (1) 0 (2) 2 問 **1.5.1** 略(背理法による) 問 **1.5.2** 略 問 **1.5.3** 略 問 **1.6.1** 略($\lim_{x \to \infty} f(x) = \infty$, $\lim_{x \to -\infty} f(x) = -\infty$ をつかう) 問 **1.6.2** (1) 最大値なし, 最小値 1 (2) 最大値 3, 最小値 -1 (3) 最大値 1, 最小値 -3 (4) 最大値 3, 最小値なし

1. 略 **2.** (1) $\frac{1}{2}$ (2) $-\frac{1}{2}$ (3) 3 (4) $-\frac{1}{9}$ (5) -1 (6) $-\frac{2}{3}$ (7) $\frac{1}{4}$ (8) $\frac{1}{2}$ (9) 1 (10) $-\frac{\sqrt{3}}{2}$ (11) -18 (12) $a \neq 0, 1$, $a = 0, \frac{1}{2}$ (13) $-\frac{1}{3}$ (14) -1 **3.** (1) 3 (2) 3 (3) 1 **4.**,**5.**,**6.** 略
7. (1) 最大値 $\sqrt{2}$, 最小値 1 (2) 3, なし (3) $1, \frac{1}{3}$ (4) なし, 0 (5) $\sqrt{5}, 1$ (6) なし, 0 **8.** 略
9. 略($g(x) = x - f(x)$ を考える)

第2章

問 **2.1.1** 例えば $|x|, x = 0$ 問 **2.1.2**, 問 **2.1.3** 略 問 **2.1.4** (1) 0 (2) $\frac{1}{\sqrt{2}}$ (3) $\frac{a}{\sqrt{1+a^2}}$ 問 **2.1.5** (1) 0 (2) $-\frac{2a}{(1+a^2)^2}$ 問 **2.2.1** (1) $4x^3 - 12x^2$ (2) $3x^2 - 3$ (3) $3x^2 + 12x^3$ (4) $24x^2 + 24x + 6$ (5) $-x + \frac{x^3}{6}$ (6) $1 - \frac{x^2}{2} + \frac{x^4}{24}$ (7) $5x^4 + 1$ (8) $3x^2 - 2x + 2$ 問 **2.2.2** (1) $-f'(a)$ (2) $2f'(a)$ (3) $2f'(a)$ (4) 0 (5) $2f(a)f'(a)$ (6) $f(a) + af'(a)$ (7) $-\frac{f'(a)}{(f(a))^2}$ 問 **2.2.3** $-\frac{2}{x^3}$ 問 **2.2.4** 略
問 **2.2.5** (1) $\frac{1-x^2}{(1+x^2)^2}$ (2) $\frac{-2x}{(1+x^2)^2}$ (3) $\frac{2x}{(1+x^2)^2}$ (4) $\frac{x^4+3x^2-2x}{(1+x^2)^2}$ 問 **2.3.1** (1) $(f \circ g)(x) = 1 + x^2$, $(g \circ f)(x) = (1+x)^2$, $(g \circ g)(x) = x^4$ (2) $1+x^2$, $1+x^2$, $1+(1+x^2)^2$ (3) $(1+x)^4$, $(1+x^2)^2$, $(2+2x+x^2)^2$ (4) $1+2x$, $2(1+x)$, $4x$ 問 **2.3.2** (1) $(1+x)^2(x^2+4x)(7x^2+24x+8)$ (2) $12x^2(x^3-3)^3$ (3) $3x^5(1+3x)^2(2+9x)$ (4) $6(2x+1)^2$ (5) $-3\frac{-1+2x}{(1-x+x^2)^4}$ (6) $\frac{6(1+2x)^2(1-x-x^2)}{(1+x^2)^4}$ (7) $na(ax+b)^{n-1}$ (8) $n(2ax+b)(ax^2+bx+c)^{n-1}$ 問 **2.4.1** 略 問 **2.4.2** (1) $x \geq -1$ (2) $x \geq \frac{1}{2}$ (3) $x \leq 1$ (4) $x \leq \frac{1}{2}$ 問 **2.4.3** (1) (d) (2) (b) (3) (a) (4) (c) 問 **2.4.4** 略 問 **2.4.5** (1) $-x^2, x \leq 0$ (2) $\frac{x^2}{2} + 2, x \geq 0$ (3) $x^2 - 1, x \leq 0$ (4) $4x^2 + 1, x \geq 0$ 問 **2.4.6** (1) 3 (2) 4 (3) 7 (4) 9 (5) 5 (6) 0.1 (7) 2 (8) 3 問 **2.4.7** (1) $\sqrt[4]{\frac{x}{2}}, x \geq 0$ (2) $\frac{\sqrt{x}-1}{2}, x \geq 1$ (3) $x^2, x \leq 0$ (4) $x^3 - 1, x \geq 0$ 問 **2.4.8** 略 問 **2.4.9** (1) $f(x) = \sqrt{x}, g(x) = 2 + x$ (2) $\sqrt{x}, 1+2x$

172　略　解

(3) $\sqrt{x}, 1+x+x^2$ (4) $\sqrt[3]{x}, 1+2x$ (5) $\sqrt[3]{x}, 1-x+x^2$ (6) $x^{\frac{3}{4}}, 1+2x$　問 **2.4.10** (1) $\frac{1}{2\sqrt{2+x}}$ (2) $\frac{1}{\sqrt{1+2x}}$ (3) $\frac{1+2x}{2\sqrt{1+x+x^2}}$ (4) $\frac{2}{3}(1+2x)^{-\frac{2}{3}}$ (5) $\frac{1}{3}(1-x+x^2)^{-\frac{2}{3}}(-1+2x)$ (6) $\frac{3}{2}(1+2x)^{-\frac{1}{4}}$

1. (1) $3x^2-8x+3$ (2) $4ax^3+2bx+c$ (3) $4ax^3-3bx^2+2cx$ (4) $\frac{1}{\sqrt{2x+1}}$ (5) $-\frac{3}{2}(3x-2)^{-\frac{3}{2}}$ (6) $-\frac{2x-1}{(x^2-x-1)^2}$ (7) $-\frac{2}{(x+1)^2}$ (8) $\frac{-x^2+2x-7}{(x^2-2x-5)^2}$ (9) $-\frac{1}{(x-1)^2}\left(\frac{x-1}{1+x}\right)^{\frac{1}{2}}$ (10) $(x^2+1)(x^3+3x)^{-\frac{2}{3}}$ (11) $\frac{4x}{3}(2x^2+1)^{-\frac{2}{3}}$ (12) $-\frac{x}{2}(x^2+1)^{-\frac{5}{4}}$　**2.** (1) $y=9(x-2)+2$ (2) $y=-2(x-1)+1$ (3) $y=-\frac{1}{\sqrt{3}}(x-1)+\sqrt{3}$ (4) $y=-\frac{1}{2}$ (5) $y=-\frac{3}{25}(x-2)+\frac{2}{5}$ (6) $y=1$
3. $f'(x)g(x)h(x)+f(x)g'(x)h(x)+f(x)g(x)h'(x)$　**4.** 略　**5.** (1) $af'(ax+b)$ (2) $2xf'(x^2)$ (3) $2f(x)f'(x)$ (4) $(2x+2)f'(x^2+2x+1)$ (5) $-2(1-x)f'((1-x)^2)$ (6) $4xf(x^2)f'(x^2)$ (7) $-\frac{2f(x)f'(x)}{(1+(f(x))^2)^2}$ (8) $\frac{f'(x)(1-(f(x))^2)}{(1+(f(x))^2)^2}$　**6.** (1) $f(1+x)$ (2) $2f(2x)$ (3) $2(f(x))^2$ (4) $2xf(x^2)$ (5) $-\frac{2x}{(1+x^2)^2}f\left(\frac{1}{1+x^2}\right)$ (6) $-\frac{2(f(x))^2}{(1+(f(x))^2)^2}$　**7.** (1) $\frac{2}{1+2x}$ (2) $\frac{2}{x}$ (3) $\frac{1+2x}{1+x+x^2}$ (4) $-\frac{2x}{1+x^2}$

第3章

問 **3.1.1**, 問 **3.1.2** 略　問 **3.1.3** (1) 5 (2) 0.5 (3) 5 (4) 0.001　問 **3.1.4** (1) $a^{\frac{5}{3}}$ (2) $a^{\frac{13}{6}}$ (3) a (4) $a^{\frac{1}{2}}$ (5) $a^{-\frac{1}{2}}$ (6) a (7) $a^{\frac{13}{6}}$ (8) a^{-14}　問 **3.2.1** (1) (e) (2) (a) (3) (f) (4) (b) (5) (c) (6) (d)　問 **3.3.1**, 問 **3.3.2** 略　問 **3.3.3** (1) $y=-\log_3 x, x>0$ (2) $y=\log_2 x, x>0$ (3) $y=\log_2(-x), x<0$ (4) $y=-\log_3(-x), x<0$ (5) $y=-\log_2(x+2), x>-2$ (6) $y=\log_{\frac{3}{2}}(x+2), x>-2$　問 **3.4.1** (1) e^{x+1} (2) $-e^{-x}$ (3) $3e^{3x+2}$ (4) $2^x \log_e 2$ (5) $2xe^{x^2}$　問 **3.5.1** (1) $x<2, \frac{1}{x-2}$ (2) $x>-\frac{1}{2}, \frac{2}{2x+1}$ (3) $x\neq 2, \frac{1}{x-2}$　問 **3.5.2** (1) $\frac{2x}{1+x^2}$ (2) $\frac{e^x}{1+e^x}$ (3) $\frac{1}{3}\frac{2x}{1+x^2}$
問 **3.5.3** 略

1. $\log_e(a+\sqrt{a^2+1})$　**2.** $\frac{e^a+e^{-a}}{2}$　**3.** (1) $0<a<1, 0, \ a=1, \frac{1}{2}, \ a>1, 1$ (2) 0　**4.** (1) $(1-x)e^{-x}$ (2) $(x+1)(x+3)e^{x+1}$ (3) $-2xe^{-x^2}$ (4) $\frac{1}{2\sqrt{x}}e^{\sqrt{x}}$ (5) $-xe^{-x}$ (6) $2e^{2x}\frac{1+x^2-x}{(1+x^2)^2}$ (7) $\frac{1}{\log(1+x^2)}\frac{2x}{1+x^2}$ (8) $\frac{2x-1}{1-x+x^2}$ (9) $\log|x|+1$ (10) $\frac{2}{x}\log x$ (11) $10^x \log_e 10$ (12) $\frac{1}{x\log_e 10}$ (13) $e^{x\log x}(\log_e x+1)$ (14) $\pi x^{\pi-1}$ (15) $\pi^x \log_e \pi$ (16) $\frac{x}{\sqrt{x^2+1}}e^{\sqrt{x^2+1}}$ (17) $\frac{1}{\sqrt{x^2+1}}$ (18) $-\frac{1}{(\log(1+x^2))^2}\frac{2x}{1+x^2}$ (19) $\sqrt{2}x^{\sqrt{2}-1}$ (20) $2\sqrt{3}x(1+x^2)^{\sqrt{3}-1}$ (21) $\left(-2x\log(1+x^2)-\frac{2x^3}{1+x^2}\right)\times e^{-x^2\log(1+x^2)}$ (22) $2\frac{\log x}{x}x^{\log x}$

第4章

問 **4.1.1**, 問 **4.1.2** 略　問 **4.2.1** (1) $\frac{\sqrt{3}}{2}$ (2) $\frac{1}{\sqrt{2}}$ (3) $\frac{1}{2}$ (4) $\frac{1}{2}$ (5) $\frac{1}{\sqrt{3}}$ (6) 1　問 **4.3.1** $n\pi, 2n\pi\pm\frac{\pi}{2}$　問 **4.3.2** $\frac{2\sqrt{2}}{3}, -2\sqrt{2}$　問 **4.3.3** 略　問 **4.3.4** $\tan\theta, -\frac{1}{\tan\theta}$　問 **4.3.5** (1) 2π (2) 2π (3) 4π (4) π (5) 2π (6) π　問 **4.3.6**, 問 **4.3.7** 略　問 **4.4.1**, 問 **4.4.2** 略　問 **4.4.3** (1) $\sqrt{2}\sin\left(x+\frac{7\pi}{4}\right)$ (2) $2\sin\left(x+\frac{\pi}{3}\right)$ (3) $2\sin\left(x+\frac{\pi}{6}\right)$ (4) $\sqrt{5}\sin(x+\alpha), \cos\alpha=\frac{1}{\sqrt{5}}, \sin\alpha=\frac{2}{\sqrt{5}}$　問 **4.4.4** 略
問 **4.5.1** (1) 2 (2) 1 (3) $\frac{1}{3}$　問 **4.5.2** 略　問 **4.5.3** (1) $\sin 2x$ (2) $\frac{1}{2}\cos\left(\frac{x}{2}+1\right)$ (3) $\frac{\sin x}{\cos^2 x}$ (4) $\cos 2x-2x\sin 2x$ (5) $-\frac{1}{\cos^2\left(\frac{\pi}{3}-x\right)}$ (6) $\cos 2x$　問 **4.6.1** (1) $\frac{\pi}{6}$ (2) $\frac{\pi}{4}$ (3) $\frac{\pi}{3}$ (4) $\frac{\sqrt{3}}{2}$ (5) $\frac{1}{\sqrt{2}}$ (6) $\frac{2\sqrt{2}}{3}$　問 **4.6.2** 略　問 **4.6.3** (1) $\frac{1}{\sqrt{4-x^2}}$ (2) $\frac{-x}{|x|\sqrt{1-x^2}}$ (3) $\frac{4x}{4+x^4}$ (4) $-\frac{1}{1+x^2}$

略解　173

1., 2., 3. 略　**4.** (1) 0　(2) 0　**5.** 略　**6.** (1) $2\sin(1-2x)$　(2) $\frac{1}{2\sqrt{x}}\cos\sqrt{x}$　(3) $\frac{2x}{\cos^2(1+x^2)}$
(4) $2x\cos 2x - 2x^2\sin 2x$　(5) $-\sin 2x$　(6) $-\tan x$　(7) $-e^{-x}(\cos 2x + 2\sin 2x)$　(8) $\frac{2\cos x+1}{(2+\cos x)^2}$
(9) $\frac{1}{\sin x \cos x}$　(10) $2x\cos(x^2)$　(11) $\cos x\, e^{\sin x}$　(12) $\frac{-x\sin\sqrt{1+x^2}}{\sqrt{1+x^2}}$　(13) $\frac{-2\sin x \cos x}{(1+\sin^2 x)^2}$　(14) $-\cos x$
$\times \sin(\sin x)$　(15) $\frac{2-2x}{\cos^2(2x-x^2)}$　(16) $-\frac{\cos x \sin x}{\sqrt{1+\cos^2 x}}$　(17) $(n+1)\cos^{n+1}x - n\cos^{n-1}x$　(18) $-e^x \sin e^x$
7. (1) $\frac{3}{\sqrt{1-9x^2}}$　(2) $-\frac{\sin x}{|\sin x|}$　(3) $\frac{3(\sin^{-1}x)^2}{\sqrt{1-x^2}}$　(4) $\frac{-x}{|x|\sqrt{1-x^2}}$　(5) $\frac{2x}{1+x^4}$　(6) $\frac{1}{2\sqrt{x}(1+x)}$　(7) $\frac{2\tan^{-1}x}{1+x^2}$
(8) $\frac{x}{(2+x^2)\sqrt{1+x^2}}$　(9) $\frac{1}{2+2x+x^2}$　(10) $\frac{1}{\sqrt{1-x^2}}$　(11) $\frac{1}{(1-x^2)\sqrt{1-x^2}}$　(12) $-\frac{x}{\sqrt{1-x^2}}$　(13) $-\frac{1}{x\sqrt{x^2-1}}$
(14) $-\frac{1}{\sqrt{1-x^2}}$　**8.** (1) $\frac{1}{2}\tan^{-1}(2x)$　(2) $\frac{1}{2}\tan^{-1}\frac{x}{2}$　(3) $\frac{2}{\sqrt{3}}\tan^{-1}\frac{2}{\sqrt{3}}\left(x+\frac{1}{2}\right)$　(4) $\frac{1}{2}\sin^{-1}(2x)$
(5) $\sin^{-1}\frac{x}{2}$　(6) $\sin^{-1}(x-1)$

第5章

問 5.1.1 (1) $\frac{3}{8}x^{-\frac{5}{2}}$　(2) $-6(1+x)^{-4}$　(3) $6(1+x)^{-4}$　(4) $-6x^{-4}+6(1+x)^{-4}$　(5) $2x^{-3}$
(6) $(8x+12)e^{2x}$　(7) $8\sin(2x+1)$　(8) $-(x^2+6)\sin x - 6x\cos x$　(9) $e^{-x}(11\sin 2x - 2\cos 2x)$
問 5.1.2 (1) $5\cdot 4\cdots(5-n+1)2^n(2x+1)^{5-n}, 1\leq n\leq 5, 0, n>5$　(2) $(-1)^n n!(1+x)^{-1-n}$
(3) $n!(1-x)^{-1-n}$　(4) $\frac{n!}{2}((1-x)^{-1-n}+(-1)^n(1+x)^{-1-n})$　(5) $\frac{1}{3}\cdot\left(-\frac{2}{3}\right)\cdots\left(\frac{1}{3}-n+1\right)(1+x)^{\frac{1}{3}-n}$　(6) $(-1)^{n-1}(n-1)!(1+x)^{-n}$　(7) $(-1)^n e^{1-x}$　(8) $2^{\frac{1}{5}}\frac{1}{5}\cdot\left(-\frac{4}{5}\right)\cdots\left(\frac{1}{5}-n+1\right)\left(\frac{1}{2}+x\right)^{\frac{1}{5}-n}$
(9) $(-1)^{n-1}(n-1)!\left(x+\frac{1}{2}\right)^{-n}$　**問 5.1.3** 略　**問 5.1.4** (1) $\cos\left(x+1+\frac{n\pi}{2}\right)$　(2) $2^n\sin\left(2x+\frac{n\pi}{2}\right)$
(3) $\frac{1}{2}\left(3^n\sin\left(3x+\frac{n\pi}{2}\right)+\sin\left(x+\frac{n\pi}{2}\right)\right)$　**問 5.1.5** 略　**問 5.2.1, 問 5.2.2** 略　**問 5.2.3** (1) $16e^{2x}$
$\times(x^3+6x^2+9x+3)$　(2) $x^2\cos x + 8x\sin x - 12\cos x$　(3) $e^{-x}(11\sin 2x - 2\cos 2x)$　**問 5.2.4** (1)
$(x^2 e^{-x})' = e^{-x}(2x-x^2), e^{-x}(-1)^{n-2}(x^2-2nx+n(n-1)), n\geq 2$　(2) $\sum_{k=0}^{n}\binom{n}{k}(x^3)^{(k)}$
$\times(\log x)^{(n-k)}, (-1)^{n-2}x^{3-n}(n-4)!\,3!, n\geq 4$　(3) $\sum_{k=0}^{n}\frac{(n!)^3}{((n-k)!)^2(k!)^2}(-1)^{n-k}(1+x)^{n-k}(1-x)^k$

1. (1) 40　(2) 7　(3) 240　**2.** (1) $(-2)^n e^{-2x+1}$　(2) $(-1)^{n-1}\frac{1\cdot 3\cdots(2n-3)}{2^n}x^{\frac{1}{2}-n}$　(3) $(n-1)!((-1)^{n-1}(1+x)^{-n}-(1-x)^{-n})$　(4) $2^n 10\cdot 9\cdots(10-n+1)(2x+1)^{10-n}, n\leq 10, 0, n\geq 11$　(5) $\sqrt{2}(-1)^{n-1}\frac{1\cdot 3\cdots(2n-3)}{2^n}\left(x+\frac{1}{2}\right)^{\frac{1}{2}-n}$　(6) $(-1)^{n+1}n!(1+x)^{-1-n}$　**3.** (1) $y''-4y=0$
(2) $y''-y'-2y=0$　(3) $y''+2y=0$　(4) $y'+4y=0$　**4.** (1) $y'+2xy=0$　(2) 略 ((1)
の等式を $n-1$ 回微分)　**5.** (1),(2) 略　**6.** (1),(2) 略　**7.** (1),(2),(3) 略　**8.** 帰納法　**9.** (1) 1
(2) 2　(3) $(2n-2)!$

第6章

問 6.1.1, 問 6.1.2 略　**問 6.2.1** $(x^3)'=3x^2\geq 0$, 常に増加　**問 6.2.2** (1) $x=-1$ 極大値 2,
$x=1$ 極小値 -2　(2) $x=-\frac{1}{\sqrt{2}}$ 極小値 $-\frac{1}{\sqrt{2}}e^{-\frac{1}{2}}$, $x=\frac{1}{\sqrt{2}}$ 極大値 $\frac{1}{\sqrt{2}}e^{-\frac{1}{2}}$　(3) $x=\pm\frac{1}{\sqrt{2}}$ 極小値 $-\frac{1}{4}$, $x=0$ 極大値 0　**問 6.2.3** 略　**問 6.2.4** (1) 最大値 $\sqrt{2}, x=\frac{1}{\sqrt{2}}$, 最小値 $1, x=0,1$
(2) $\pi-1, x=\pi, -\pi-1, x=-\pi$　(3) $\frac{\pi}{2}, x=\frac{\pi}{2}, -\frac{3\pi}{2}, x=\frac{3\pi}{2}$　(4) $\frac{1}{e}, x=e, 0, x=1$
問 6.3.1 略　**問 6.3.2** $f^{(k)}(x)=\sum_{\ell=k}^{n}a_\ell\ell(\ell-1)\cdots(\ell-k+1)(x-a)^{\ell-k}$ をつかう　**問 6.3.3** 略
問 6.3.4 (1) 0　(2) 0　(3) 0　**問 6.3.5** (1) $-\frac{1}{2}$　(2) $-\frac{1}{6}$　(3) $-\frac{2}{3}$　**問 6.3.6** $x, x-\frac{x^3}{3!}, x-\frac{x^3}{3!}+\frac{x^5}{5!}$,
$x-\frac{x^3}{3!}+\frac{x^5}{5!}-\frac{x^7}{7!}, x-\frac{x^3}{3!}+\frac{x^5}{5!}-\frac{x^7}{7!}+\frac{x^9}{9!}$　**問 6.3.7** (1) $1-2x^2+\frac{2}{3}x^4+R$　(2) $1+x\log 3+$

174　略　解

$\frac{(x\log 3)^2}{2!} + \frac{(x\log 3)^3}{3!} + \frac{(x\log 3)^4}{4!} + R$ (3) $-x^2 - \frac{x^4}{2} + R$ (4) $x + \frac{x^3}{6} + \frac{1}{5!}x^5 + R$ 問 **6.4.1** (1) $1 - x + x^2 - x^3 + \cdots + (-1)^n x^n + \cdots$ (2) $1 + \sum_{n=1}^{\infty}(-1)^n(x-1)^n$ (3) $\sum_{n=0}^{\infty} x^{2n}$ 問 **6.4.2** (1) $1 + \sum_{n=1}^{\infty} \frac{(\log 2)^n}{n!} x^n$ (2) $e\sum_{n=0}^{\infty} \frac{(-1)^n}{n!} x^n$ (3) $\sum_{n=0}^{\infty} \frac{(-1)^{n-1}}{n} x^{2n}$ (4) $\sum_{n=0}^{\infty} \frac{(-1)^n 2^n}{(2n+1)!} x^{2n+1}$ 問 **6.4.3**, 問 **6.4.4**, 問 **6.4.5** 略　問 **6.5.1**, 問 **6.5.2** 略

1. (1) 0 (2) 1 (3) 1 **2.** (1) 1 (2) -2 (3) $\frac{1}{6}$ (4) 2 (5) $-\frac{1}{3}$ (6) $-\frac{1}{2}$ (7) $\frac{3}{2}$ (8) $\frac{1}{3}$ (9) 1 **3.** グラフ略 (1) 極値なし（単調増加），変曲点 $x = -\frac{1}{2}$ (2) 極大値 $0 (x = 0)$，極小値 $-1 (x = \pm 1)$，変曲点 $x = \pm\frac{1}{\sqrt{3}}$ (3) 極値なし（単調減少），変曲点 $x = 0$ (4) 極小値 $-e^{-1} (x = -1)$，変曲点 $x = -2$ (5) 極大値 $4e^{-2} (x = 2)$，極小値 $0 (x = 0)$，変曲点 $x = 2 \pm \sqrt{2}$ (6) 極大値 $\frac{1}{\sqrt{2}}e^{-\frac{1}{2}} (x = \frac{1}{\sqrt{2}})$，極小値 $-\frac{1}{\sqrt{2}}e^{-\frac{1}{2}} (x = -\frac{1}{\sqrt{2}})$，変曲点 $x = 0, \pm\sqrt{\frac{3}{2}}$ (7) 極大値 $\frac{1}{\sqrt{2}}e^{2n\pi + \frac{\pi}{4}} (x = 2n\pi + \frac{\pi}{4})$，極小値 $-\frac{1}{\sqrt{2}}e^{2n\pi - \frac{3\pi}{4}} (x = 2n\pi - \frac{3\pi}{4})$，変曲点 $x = n\pi$，n は整数 (8) 極大値 $\frac{1}{\sqrt{2}}e^{-2n\pi - \frac{\pi}{4}} (x = 2n\pi + \frac{\pi}{4})$，極小値 $-\frac{1}{\sqrt{2}}e^{-2n\pi + \frac{3\pi}{4}} (x = 2n\pi - \frac{3\pi}{4})$，変曲点 $x = n\pi + \frac{\pi}{2}$，n は整数 (9) 極小値 $0 (x = 0)$，変曲点 $x = \pm 1$ (10) 極小値 $-\frac{1}{e} (x = \frac{1}{e})$，変曲点なし (11) 極値なし（単調増加），変曲点 $x = 0$ (12) 極値なし（単調増加），変曲点 $x = 0$ **4.** (1) $f'(x) = mk\frac{ae^{-kx}}{(1+ae^{-kx})^2}$ からわかる．(2) 略 (3) $f''(x) = amk^2 \frac{e^{-kx}}{(1+ae^{-kx})^3}\left(-1 + ae^{-kx}\right)$ から変曲点は $x = \frac{1}{k}\log(a)$ **5.** $y'' = 6ax + 2b$ だから $x = -\frac{b}{3a}$ が唯一の変曲点．**6.** (1) $y'' = 4ax^2 + 6bx + 2c$. $y'' = 0$ の判別式を調べて $3b^2 - 8ac \leqq 0$ なら変曲点はなし．$3b^2 - 8ac > 0$ なら変曲点は 2 個．(2) 略 **7.** 平均値の定理により $f(x+2) - f(x) = f'(x+c) \cdot 2, 0 < c < 2$, $\lim_{x\to\infty}(f(x+2) - f(x)) = \lim_{x\to\infty} f'(x+c) \cdot 2 = 2$ **8., 9., 10., 11., 12., 13.** 略

第 7 章

問 **7.1.1** (1) $\frac{x^3}{3} - x^2 + x$ (2) $\frac{x^6}{30}$ (3) $\frac{3}{5}x^{\frac{5}{3}}$ (4) $-2x^{-\frac{1}{2}}$ (5) $-3\cos x + \frac{1}{3}\cos 3x$ (6) $-\frac{1}{2}e^{-2x}$ (7) $\frac{1}{4}\sin 2x + \frac{x}{2}$ (8) $-9\cos\frac{x}{3}$ (9) $\frac{3^x}{\log 3}$ (10) $\frac{1}{6}(x^2-1)^3$ (11) $\frac{x^2}{2} - \frac{4}{3}x^{\frac{3}{2}} + x$ (12) $\tan x - x$ 問 **7.2.1** (1) $\frac{2}{9}(3x+1)^{\frac{3}{2}}$ (2) $\frac{1}{12}(2x-1)^6$ (3) $\frac{1}{3}(1+x^2)^{\frac{3}{2}}$ (4) $-\frac{\cos^2 x}{2}$ (5) $\log|\log x|$ (6) $\frac{1}{2}\log(1+x^2)$ (7) $\frac{e^{x^2}}{2}$ (8) $\frac{1}{\sqrt{3}}\tan^{-1}\frac{x}{\sqrt{3}}$ (9) $\frac{1}{\sqrt{3}}\sin^{-1}\sqrt{3}x$ 問 **7.3.1** (1) $-xe^{-x} - e^{-x}$ (2) $\frac{xe^x}{3} - \frac{e^x}{9}$ (3) $x\sin x + \cos x$ (4) $(x^2 - 2x + 2)e^x$ (5) $x\frac{(x+1)^6}{6} - \frac{(x+1)^7}{42}$ (6) $(x+1)\log(x+1) - (x+1)$ (7) $\frac{x^3 \log x}{3} - \frac{x^3}{9}$ (8) $(x+1)e^{x+1} - e^{x+1}$ (9) $\left(-\frac{x^2}{2} + \frac{1}{4}\right)\cos 2x + \frac{x}{2}\sin 2x$ 問 **7.3.2** (1) $\frac{e^x}{2}(\sin x - \cos x)$ (2) $\frac{e^{2x}}{13}(2\sin x - 3\cos x)$ (3) $-\frac{e^x}{2}(\sin(x-1) + \cos(x-1))$ 問 **7.4.1** (1) $2\log|x-2| - \log|x-1|$ (2) $-\frac{1}{2}(2x+1)^{-1}$ (3) $\frac{1}{3}\tan^{-1}(3x+1)$ 問 **7.4.2** (1) $\frac{1}{2}\log(x^2+2) + \frac{1}{\sqrt{2}}\tan^{-1}\frac{x}{\sqrt{2}}$ (2) $-\frac{3}{4}(2x+1)^{-1} + \frac{1}{4}\log|2x+1|$ (3) $x + \frac{1}{2}\log(x^2+2) - \frac{1}{\sqrt{2}}\tan^{-1}\frac{x}{\sqrt{2}}$ 問 **7.4.3** 略　問 **7.4.4** (1) $\frac{1}{3}\log|x-1| - \frac{1}{6}\log(x^2+x+1) - \frac{1}{\sqrt{3}}\tan^{-1}\frac{2x+1}{\sqrt{3}}$ (2) $-\frac{1}{3}\log|x+1| + \frac{1}{6}\log(x^2 - x + 1) + \frac{1}{\sqrt{3}}\tan^{-1}\frac{2x-1}{\sqrt{3}}$ (3) $\tan^{-1} x - \frac{1}{\sqrt{2}}\tan^{-1}\frac{x}{\sqrt{2}}$ (4) $\frac{1}{8}\log(x^2 - 2x + 2) + \frac{1}{4}\tan^{-1}(x-1) - \frac{1}{8}\log(x^2 + 2x + 2) + \frac{1}{4}\tan^{-1}(x+1)$ 問 **7.4.5** 略　問 **7.4.6** (1) $-2\log|1 - \tan\frac{x}{2}| + \log|1 + \tan^2\frac{x}{2}|$ (2) $-\log|1 - \tan\frac{x}{2}| + \log|1 + \tan\frac{x}{2}|$ (3) $\frac{x}{2} + \frac{1}{2}\log|1 + \tan x| - \frac{1}{4}\log(1 + \tan^2 x)$ (4) $\frac{1}{\sqrt{2}}\left(\log\left|1 + \frac{\tan\frac{x}{2} - 1}{\sqrt{2}}\right| - \log\left|1 - \frac{\tan\frac{x}{2} - 1}{\sqrt{2}}\right|\right)$ 問 **7.5.1** (1) $\frac{2}{3}x^{\frac{3}{2}} - 2x^{\frac{1}{2}}$ (2) $\log|\sqrt{x+1} - 1| - \log|\sqrt{x+1} + 1|$ (3) $\frac{3}{2}\log(x^{\frac{2}{3}} + 1)$ 問 **7.5.2**, 問 **7.5.3** 略　問 **7.5.4** (1) $\log\left(x - \frac{1}{2} + \sqrt{x^2 - x + 4}\right)$

略解　175

(2) $\frac{1}{2}\left(x-\frac{1}{2}\right)+\sqrt{x^2-x+4}+\log\left(x-\frac{1}{2}+\sqrt{x^2-x+4}\right)$　(3) $\frac{\sqrt{5}}{4}\left(x+\frac{1}{2}\right)\sqrt{1-\frac{4}{5}\left(x+\frac{1}{2}\right)^2}+\frac{5}{8}\sin^{-1}\frac{2}{\sqrt{5}}\left(x+\frac{1}{2}\right)$　(4) $\frac{1}{2}\left((x-1)\sqrt{2x-x^2}+\sin^{-1}(x-1)\right)$

1. (1) $-\frac{1}{5}\cos(5x+1)$　(2) $2\sin\sqrt{x+1}-2\sqrt{x+1}\cos\sqrt{x+1}$　(3) $\frac{1}{2}\sin(x^2)$　(4) $\frac{(3x+2)^6}{18}$
(5) $\frac{1}{\sqrt{5}}\tan^{-1}\frac{x}{\sqrt{5}}$　(6) $\frac{3}{4}\left(2-\cos\frac{x}{3}\right)^4$　**2.** (1) $2\cos\left(\sqrt{x+1}\right)+2\sqrt{x+1}\sin\left(\sqrt{x+1}\right)$
(2) $\sqrt{2x+1}\,e^{\sqrt{2x+1}}-e^{\sqrt{2x+1}}$　(3) $-\frac{1}{2}e^{-x^2}\left(27+27x^2+12x^4+4x^6+x^8\right)$　**3.** 略　**4.** (1) $x\sin^{-1}x+\sqrt{1-x^2}$　(2) $x\tan^{-1}x-\frac{1}{2}\log(1+x^2)$　(3) $\frac{1}{\log 10}(x\log x-x)$　**5.** (1) $\frac{3}{8}(1+x^2)^{\frac{4}{3}}$
(2) $\frac{1}{2}\sin(x^2+2)$　(3) $\frac{1}{6}(\log x)^6$　(4) $\tan^{-1}(e^x)$　(5) $\sin^{-1}x-\sqrt{1-x^2}$　(6) $\frac{1}{2}x^2(\log x)^2-\frac{1}{2}x^2\log x+\frac{1}{4}x^2$　(7) $\frac{1}{4}\tan^4 x$　(8) $\frac{1}{3}\log|x+1|+\frac{1}{3}\log(x^2-x+1)$　(9) $\log|x-1|-\frac{5-3\sqrt{5}}{10}\times\log\left|x+\frac{1}{2}+\frac{\sqrt{5}}{2}\right|-\frac{5+3\sqrt{5}}{10}\log\left|x+\frac{1}{2}-\frac{\sqrt{5}}{2}\right|$　(10) $\log(e^x+e^{-x})$　(11) $-\log|\sin x|+\log|\sin x-1|$　(12) $\frac{1}{x}+\frac{1}{2}\log|x-1|-\frac{1}{2}\log|x+1|$　(13) $\frac{\sqrt{5}-1}{4\sqrt{5}}\left(\log\left|x-\frac{\sqrt{5}+1}{2}\right|-\log\left|x+\frac{1+\sqrt{5}}{2}\right|\right)-\frac{\sqrt{5}-1}{4\sqrt{5}}\times\left(\log\left|x-\frac{\sqrt{5}-1}{2}\right|-\log\left|x+\frac{\sqrt{5}-1}{2}\right|\right)$　(14) $2\sin\sqrt{x}-2\sqrt{x}\cos\sqrt{x}$　(15) $\frac{1}{2}x^2\tan^{-1}(1+x)-\frac{1}{2}\left(x-\log(x^2+2x+2)\right)$　(16) $\frac{1}{2}(x\sin(\log x)-x\cos(\log x))$　(17) $x\log(1+x^2)-2\left(x-\tan^{-1}x\right)$　(18) $2\sqrt{x}\tan\sqrt{x}+2\log|\cos\sqrt{x}|$　**6.** (1) $\frac{1}{2}F(t^2)$　(2) $-F(\cos\theta)$　**7.**,**8.** 略

第8章

問**8.1.1** (1) $\frac{3}{2}$　(2) 0　(3) $\frac{1}{3}$　問**8.1.2** 略　問**8.2.1** (1) $\frac{\pi}{3}$　(2) $\frac{1}{2}\log 2$　(3) $\frac{1}{2}\log 3$　(4) 1
(5) $\frac{16}{3}$　(6) $\frac{\pi}{2\sqrt{2}}$　問**8.2.2** (1) $(x+1)^2$　(2) $15x^3$　(3) $e^{(x+1)^2}$　(4) $2(2x+1)\tan 2x$　問**8.3.1**
(1) $\frac{1}{2}\log 2$　(2) $6\sqrt{3}-\frac{14}{3}$　(3) $\frac{1}{3}$　(4) $\frac{1}{2}\left(1-\frac{1}{e}\right)$　(5) $\frac{16}{105}$　(6) 4　問**8.3.2** (1) 0　(2) $\frac{\pi}{2}$　(3) $\frac{2}{3}$
(4) 4　(5) $\frac{16}{15}$　(6) 1　問**8.3.3** 略　問**8.3.4** (1) $2\log 2-1$　(2) $\frac{2\pi}{3}-\frac{\sqrt{3}}{2}$　(3) e^2+1　(4) $\frac{\pi}{4}-\frac{\log 2}{2}$
(5) $\frac{1}{5}\left(\frac{11}{4}+\frac{\sqrt{3}}{2}\right)e^{\frac{\pi}{6}}-\frac{3}{5}$　(6) $\frac{\pi\sqrt{3}}{3}-\log 2$　問**8.3.5**,問**8.3.6** 略　問**8.4.1** (1) 4　(2) 8　(3) 4
問**8.4.2** (1) $\frac{1}{3}$　(2) $\frac{5}{2}$　(3) $\frac{1}{2}$　問**8.5.1** (1) $\frac{1}{6}$　(2) $\frac{4}{3}$　問**8.5.2** $\frac{Sh}{3}$　問**8.5.3** (1) $\frac{\pi}{5}$　(2) $\frac{\pi}{2}$
問**8.5.4** $4\pi^2$　問**8.5.5** (1) $\frac{13\sqrt{13}}{27}-\frac{8}{27}$　(2) $\frac{3}{4}+\frac{\log 2}{2}$　(3) $2\log(\sqrt{2}+1)$　(4) $\frac{e-e^{-1}}{2}$　問**8.6.1** (1) $\frac{3}{2}$　(2) -1　(3) π　問**8.6.2** (1) 発散$(-\infty)$　(2) 2　(3) 発散$(-\infty)$　問**8.6.3** e^{-1}　問**8.6.4** 略
問**8.6.5** (1) 発散　(2) $\frac{2\pi}{3\sqrt{3}}$　(3) $\frac{1}{2}$　(4) 発散　(5) $\frac{1}{2}$　(6) $\frac{\pi}{2}$　問**8.6.6**,問**8.6.7**,問**8.6.8** 略

1. (1) $\frac{1}{3}(5\sqrt{5}-1)$　(2) 0　(3) $2e^2+6$　(4) $2\tan^{-1}e-\frac{\pi}{2}$　(5) 1680　(6) $\frac{1}{4}(e^2-1)$　(7) $\frac{1}{4}(e^2-1)$
(8) $\frac{\pi}{6}-\frac{\sqrt{3}}{4}$　(9) $-\frac{2}{5}+\frac{3}{10}e^{\frac{\pi}{2}}$　(10) 0　(11) $1-\frac{\pi}{4}$　(12) $\frac{\pi}{3\sqrt{3}}$　(13) $\frac{\pi}{8}+\frac{1}{4}$　(14) $\frac{\sqrt{2}-1}{2}-\tan^{-1}2+\tan^{-1}\sqrt{2}$　(15) $\frac{\pi}{4}+1-\sqrt{2}$　(16) $\log(1+\sqrt{2})-\frac{1}{1+\sqrt{2}}$　**2.** (1) $\frac{8}{3}$　(2) $\pi-2$　(3) $\frac{1}{3}$　(4) π
(5) πab　(6) $\frac{3\pi}{32}$　**3.** (1) $\frac{\pi}{2}(e^2-1)-\frac{\pi e^2}{3}$　(2) $2\pi-\frac{2e\pi}{3}$　(3) $\frac{\pi^3}{16\sqrt{2}}+\frac{\pi^2}{2\sqrt{2}}-\sqrt{2}\pi$　(4) $\frac{3\pi}{10}$　**4.**,
5.,**6.** 略　**7.** (1) $x-\pi$　(2) $-\sin x$　**8.**,**9.**,**10.** 略

第9章

問**9.1.1** (a) (1) -1　(2) 1　(3) $\frac{1-m}{1+m}$　(4) $\frac{a-b}{a+b}$　(b) (1) 0　(2) 1　(3) $\frac{1}{1+m}$　(4) $\frac{a}{a+b}$　(c) (1) 0
(2) 0　(3) $\frac{m}{1+m^2}$　(4) $\frac{ab}{a^2+b^2}$　(d) (1) -1　(2) 1　(3) $\frac{1-m^2}{1+m^2}$　(4) $\frac{a^2-b^2}{a^2+b^2}$　問**9.1.2** 略　問**9.1.3**
(1) $(x,y,z)=(x,1,x^2)$　(2) $(1,y,-y^2)$　(3) $(x,1,(-x+1)^2)$　(4) $(1,y,e^{-2y})$　問**9.1.4** (1)

$(1+t, 1, 1+t), (1, 1+t, 1+t)$ (2) $(1+t, 0, 1+t), (1, t, 1+t)$ (3) $(t, 1, 1+2t), (0, 1+t, 1+2t)$ (4) $(t, 0, 1), (0, t, 1)$ (5),(6) $(t, 0, 0), (0, t, 0)$ 問9.2.1 (1) $z_x = 3x^2 + y, z_y = x + 3y^2$ (2) $y\cos(xy), x\cos(xy)$ (3) ye^{xy}, xe^{xy} (4) $-\frac{2x}{(1+x^2+y^2)^2}, -\frac{2y}{(1+x^2+y^2)^2}$ (5) $\frac{y(1-x^2+y^2)}{(1+x^2+y^2)^2}, \frac{x(1+x^2-y^2)}{(1+x^2+y^2)^2}$ (6) $\frac{x}{\sqrt{1+x^2+y^2}}, \frac{y}{\sqrt{1+x^2+y^2}}$ (7) $\frac{2x}{1+x^2+y^2}, \frac{2y}{1+x^2+y^2}$ (8) $\frac{y}{\sqrt{1-(xy)^2}}, \frac{x}{\sqrt{1-(xy)^2}}$ (9) $\frac{2x+y}{1+(x^2+xy+y^2)^2}, \frac{x+2y}{1+(x^2+xy+y^2)^2}$ 問9.2.2 (1) $f'(x)g(y), f(x)g'(y)$ (2) $2xf'(x^2)g(y^2), f(x^2)2yg'(y^2)$ (3) $2f(x) \times f'(x)g(y), (f(x))^2 g'(y)$ (4) $f'(x^2+xy+2y^2)(2x+y), f'(x^2+xy+2y^2)(x+4y)$ (5) $e^{f(x)g(y)}f'(x) \times g(y), \ e^{f(x)g(y)}f(x)g'(y)$ (6) $\frac{f'(x)f(x)(g(y))^2}{\sqrt{1+(f(x)g(y))^2}}, \frac{(f(x))^2 g(y)g'(y)}{\sqrt{1+(f(x)g(y))^2}}$ (7) $e^{f(2x)g(3y)}2f'(2x)g(3y), e^{f(2x)g(3y)}f(2x)3g'(3y)$ (8) $e^{g(y)\log f(x)}g(y)\frac{f'(x)}{f(x)}, e^{g(y)\log f(x)}g'(y)\log f(x)$ 問9.3.1,問9.3.2, 問9.3.3,問9.3.4,問9.3.5 略 問9.3.6 (1) $z = -4 - 7(x-1) + 4(y+1), (7, -4, 1)$ (2) $z = 0, (0, 0, 1)$ (3) $z = \sqrt{3} + 4\left(x - \frac{\pi}{6}\right) + 4\left(y - \frac{\pi}{6}\right), (-4, -4, 1)$ (4) $z = 2 - (y-2), (0, 1, 1)$ (5) $z = \frac{\pi}{4} + \frac{1}{2}(x-1) + \frac{1}{2}(y-1), \left(-\frac{1}{2}, -\frac{1}{2}, 1\right)$ (6) $z = \frac{\pi}{6} + \frac{3}{4}\left(x - \frac{1}{\sqrt{3}}\right) + \frac{3}{4}y, \left(-\frac{3}{4}, -\frac{3}{4}, 1\right)$ (7) $z = 4 + 4\log 2(x-2) + 8(y - \log 2), (-4\log 2, -8, 1)$ (8) $z = -\frac{\pi}{6} + \frac{2}{\sqrt{3}}x - \frac{2}{\sqrt{3}}\left(y - \frac{1}{2}\right), \left(-\frac{2}{\sqrt{3}}, \frac{2}{\sqrt{3}}, 1\right)$ 問9.4.1 (1) $0, 0$ (2) $-y, x$ (3) $-1, 1$ 問9.4.2,問9.4.3 略 問9.5.1 (1) $z_u = 2f_x + (-1)f_y, z_v = 1f_x + 2f_y$ (2) $-\sin(u+v)f_x + \cos(u-v)f_y, -\sin(u+v)f_x - \cos(u-v)f_y$ (3) $e^u \cos v f_x + e^u \sin v f_y, -e^u \sin v f_x + e^u \cos v f_y$ (4) $2uf_x + vf_y, 2vf_x + uf_y$ 問9.5.2,問9.5.3 略 問9.6.1 (1) 4 (2) 5 (3) 10 (4) 10 問9.6.2 (1) $f_{xx} + 2f_{xy} + f_{yy}$ (2) $f_{xx} - 4f_{xy} + 4f_{yy}$ (3) $f_{xx} - f_{xy} - 2f_{yy}$ (4) $-f_{xx} - 2f_{xy} + 3f_{yy}$ 問9.6.3 略 問9.6.4 (1) $-3xy + R$ (2) $xy + R$ (3) $1 + x + \frac{x^2}{2} - \frac{y^2}{2} + R$ (4) $1 - x + \frac{x^2}{2} - 2y^2 + R$ (5) $1 + x + y + R$ (6) $y + R$ (7) $1 + x + y + \frac{(x+y)^2}{2}$ (8) $x + y + (x+y)^2 + R$ (9) $xy + R$ (10) $xy + R$ 問9.6.5, 問9.6.6 略 問9.7.1 (1) $(0,0)$, 極値でない (2) $(0,0)$, 極値でない (3) $(0,0)$, 極(最)小値 1 (4) $(0,0)$, 極値でない (5) $x+y-1=0$ となる (x,y) で広義極(最)小値 0 (6) $(0,0)$, 極値でない, $(1, \frac{1}{2})$ 極小値 -1 問9.7.2 (1) 極値なし (2) $(0,0)$ 極(最)小値 1 (3) $(0,0)$ 極値でない, $ab = -1$ のとき広義極(最)小値 $-e^{-1}$ (4) $(\pm 1, 0)$ 極大値 e^{-1}, $(0,0)$ 極小値 0 (5) 極値なし (6) $(0,0)$ 極(最)小値 0 問9.7.3 $(0,0)$ 極大値 0, $\left(\frac{\sqrt{3}}{2}, -\frac{\sqrt{3}}{2}\right), \left(-\frac{\sqrt{3}}{2}, \frac{\sqrt{3}}{2}\right)$ 極小値 $-\frac{9}{8}$, $\left(\frac{1}{2}, \frac{1}{2}\right), \left(-\frac{1}{2}, \frac{1}{2}\right)$ 極値でない 問9.8.1 (1) $y_0 y + x_0 x = 4$ (2) $(x_0 - 1)(x-1) + y_0 y = 1$ (3) $\frac{x_0 x}{3} + \frac{y_0 y}{4} = 1$ (4) $\frac{x_0 x}{9} - \frac{y_0 y}{4} = 1$ 問9.8.2 略 問9.8.3 (1) $x=0, y=1$ 極大, $x=0, y=-1$ 極小 (2) $x=1, y=2$ 極大 (3) $x=\sqrt[3]{2}, y=\sqrt[3]{4}$ 極大, $x=\sqrt[3]{2}, y=-\sqrt[3]{4}$ 極小 問9.8.4 (1) $x=\pm 1$ 極小値 3 (2) $x=\pm\frac{1}{\sqrt{3}}$ 極大値 $\frac{1}{3}$, $x=\pm 1$ 極小値 -1 (3) $x=\sqrt{\frac{3+\sqrt{13}}{6}}$ 極小値 $\frac{3+\sqrt{13}}{6}\sqrt{\frac{3+\sqrt{13}}{6}} - \sqrt{\frac{-3+\sqrt{13}}{6}}$, $x=-\sqrt{\frac{3+\sqrt{13}}{6}}$ 極大値 $-\frac{3+\sqrt{13}}{6}\sqrt{\frac{3+\sqrt{13}}{6}} + \sqrt{\frac{-3+\sqrt{13}}{6}}$

1. (1) $(0,0)$ 極小値 0 (2) $\left(-\frac{3}{5}, \frac{1}{5}\right)$ 極値でない (3) $(0,0)$ 極小値 0 (4) $\left(-\frac{5}{3}, \frac{1}{3}\right)$ 極値でない (5) $(1,0)$ 極値でない (6) $(0, y)$ 極値でない (7) $(0,0)$ 極小値 0 (8) 極値なし (9) $(0,0)$ 極値でない, $(-1,1)$ 極大値 1 (10) $(0,0)$ 極値でない, $(0,2)$ 極小値 -4, $(-2,0)$ 極大値 4, $(-2,2)$ 極大値 0 (11) $(0,0)$ 極大値 1 (12) $(0,0)$ 極値でない, $(1,1), (-1,-1)$ 極大値 2 (13) $(0,0)$ 極小値 1 (14) $(0,0)$ 極値でない, $(1,-1), (-1,1)$ 極小値 -2 (15) $(0,0)$ 極小値 0, $(2,0)$ 極値でない (16) $(0,0), (-1,0)$ 極値でない (17) $(0,0)$ 極大値 1 (18) $x^2 + y^2 = 1$ （広義）極大値

e^{-1}, $(0,0)$ 極小値 0　(19) 極値なし　(20) $(0,0)$ 極値でない, $(0,\pm1)$ 極小値 $-e^{-1}$, $(\pm1,0)$ 極大値 e^{-1}　(21) $(0,0)$ 極値でない, $(3,3)$ 極大値 27　(22) $(0,0)$ 極小値 0, $(0,-\frac{2}{3})$ 極値でない　(23) $(0,0)$ 極値でない　(24) $(1,-1)$ 極値でない　**2.** $3V^{\frac{1}{3}}$　**3.**, **4.**, **5.** 略　**6.** $x+C$, C 定数　**7.** $xy+x+2y+C$, C 定数　**8.**, **9.** 略　**10.** (1) 最大値 $\frac{1}{2}$, 最小値 $-\frac{1}{2}$　(2) 最大値 $\frac{3}{2}$, 最小値 0

第 10 章

問 **10.1.1** (1) $\frac{3}{4}$　(2) $\frac{1}{2}$　(3) 4　(4) $-\frac{5}{36}$　(5) $2\sin 2(\sin 1 - \cos 1)$　(6) $(2\log 2 - \frac{3}{4})(2\log 2 - 1)$
問 **10.1.2** (1) $\frac{1}{3}$　(2) 0　(3) $e^2 - 1$　問 **10.1.3**, 問 **10.1.4** 略　問 **10.1.5** (1) $\int_0^1 \left(\int_0^y f(x,y)dx \right) dy$　(2) $\int_0^1 \left(\int_y^{\sqrt{y}} f(x,y)dx \right) dy$　(3) $\int_0^1 \left(\int_0^{y^2} f(x,y)dx \right) dy$　(4) $\int_0^1 \left(\int_{\sqrt{y}}^1 f(x,y)dx \right) dy$　問 **10.1.6** (1) $\frac{\pi}{128}$　(2) $\frac{1}{12}$　問 **10.2.1** 2　問 **10.2.2** $\frac{1}{4}$　問 **10.2.3** $\frac{2}{3}$　問 **10.2.4** $\frac{\pi}{24}$　問 **10.3.1** (1) 0　(2) $\frac{4}{15}$　問 **10.3.2** (1) 2π　(2) 0　(3) π^2　問 **10.3.3** (1) $\frac{\pi}{4}$　(2) $\frac{\pi}{2}$　(3) 発散　問 **10.4.1** $4\pi a^2$　問 **10.5.1**, 問 **10.5.2** 略　問 **10.5.3** (1) $\frac{1}{12}$　(2) $\frac{1}{120}$　(3) $\frac{\pi}{4}$　(4) 1

1. 略　**2.** (1) 1　(2) 16　(3) 12　(4) 0　(5) $(\log 2)^2$　(6) 4π　(7) $2\log 2$　(8) π^2　(9) $(e-1)^2$　(10) $\frac{1}{2}(1 - e^{-1})$　**3.** (1) $\int_0^1 \left(\int_y^1 f(x,y)dx \right) dy$　(2) $\int_0^1 \left(\int_0^{1-y} f(x,y)dx \right) dy$　(3) $\int_{-1}^1 \left(\int_{|x|}^1 f(x,y)dy \right) dx$　(4) $\int_0^1 \left(\int_{\sqrt{y}}^1 f(x,y)dx \right) dy$　(5) $\int_0^1 \left(\int_0^{\sqrt{y}} f(x,y)dx \right) dy + \int_1^2 \left(\int_0^{2-y} f(x,y)dx \right) dy$　(6) $\int_0^1 \left(\int_{-1}^{-x} f(x,y)dy \right) dx + \int_0^1 \left(\int_x^1 f(x,y)dy \right) dx$　(7) $\int_0^{e^{-1}} \left(\int_{-1}^1 f(x,y)dx \right) dy + \int_{e^{-1}}^e \left(\int_{\log y}^1 f(x,y)dx \right) dy$　(8) $\int_0^1 \left(\int_0^{\sqrt{1-y^2}} f(x,y)dx \right) dy$　**4.** (1) $\frac{1}{2}$　(2) $\frac{1}{10}$　(3) $\frac{5}{6}$　(4) $\frac{5}{12}$　(5) $\frac{29}{15}$　(6) $\frac{\pi}{2}$　(7) $\frac{\pi}{4}$　(8) $\frac{2}{15}$　(9) $-\frac{e^3}{9} + \frac{e^2}{2} - \frac{1}{18}$　(10) $\frac{e^2+1}{2}$　**5.** (1) 0　(2) $2\pi \log 2$　(3) $\frac{\pi}{3}$　(4) 0　(5) $\pi \log \frac{4}{3}$　(6) $\frac{\pi}{4}$　**6.** 略　**7.** $\frac{e-1}{2}$　**8.** $\frac{5\pi}{64}$　**9.** $ab\pi$　**10.** (1) $\frac{4\pi}{3}abc$　(2) $\frac{16a^3}{3}$　(3) $a^3 \left(\frac{2\pi}{3} - \frac{8}{9} \right)$　**11.** (1) $\frac{2\pi}{3}(2\sqrt{2} - 1)$　(2) $2a^2(\pi - 2)$　(3) $8\pi^2$　**12.** $\frac{1}{a} \Gamma \left(1 - \frac{b}{a} \right) \Gamma \left(\frac{b}{a} \right)$　**13.** (1) $\frac{\Gamma(4)\Gamma\left(\frac{a}{b} \right)}{b\Gamma\left(4 + \frac{a}{b} \right)}$　(2) $\frac{\Gamma(a-b+2)\Gamma(b+1)}{\Gamma(a+3)}$　(3) $\left(\frac{1}{a} \right)^b \Gamma(b)$

索 引

【ア行】
鞍点　139

一般角　45
陰関数　140
陰関数の極値　143
インバースサイン　54
インバースタンジェント　54

上に凸　68

n次導関数　58
n乗根　27

オイラーの公式　79

【カ行】
開区間　12
階乗　60
回転体　110
回転面の表面積　163
加法定理　50
関数　2
ガンマ関数　116

逆関数　25
逆関数の定理　132
逆関数の微分　28
逆三角関数　54
極限値　4
極限値e　12

極座標　132
極座標による重積分　159
極小値　67
曲線の長さ　111
極大・極小　67
極大値　67
極値　67
曲面の面積　162
近似和　97, 148

区間　12
区分求積法　107
グラフの移動　3

原始関数　84

広義積分　112
高次偏導関数　129
合成　22
合成関数　22
弧度法　44

【サ行】
最小値　13
最大値　13
座標　1
三角関数の合成　49
三角不等式　14

指数関数　34
指数法則　35

始線　45
自然数　9
自然対数　40
下に凸　68
実数　10
実数の連続性　11
周期　48
周期関数　48
重積分　147
重積分の変数変換　158
従属変数　2
条件つき極値　144
商の微分　22
剰余項　72
真数　36

数直線　9
数列　10
数列の極限　10

整数　9
積の微分　20
積分可能　97, 148
積分定数　85
積分の平均値の定理　101
接線　17
絶対値　2
接平面　127
全微分　126
全微分可能　126

【タ行】
対称移動(点)　1
対数　36
体積　109
体積の計算　154
単位円　45
単調関数　25
単調減少　25
単調増加　25

置換積分　86
逐次積分　150
中間値の定理　12
稠密　10

底　34
定積分　97
定積分の部分積分　105
定積分の変数変換　103
底の変換　37
テイラー級数　78
テイラー展開　78
テイラーの公式　72

導関数　18
動径　45
等比数列の和　77
独立変数　2

【ナ行】
2項展開　62
2次関数の標準形　13
2次偏導関数　128
2次方程式の解の公式　13
2変数関数　120
2変数関数のグラフ　121
2変数の極値　137
2変数のテイラーの定理　135
2変数の平均値の定理　136
2変数のマクローリン展開　135

ネピアの数　12

【ハ行】
半開区間　12

被積分関数　84, 97
微積分の基本定理　101
左側極限値　6
微分可能　17
微分係数　17
微分する　19

不定積分　84
部分積分　87
部分分数分解　89
不連続　8
分割　96
分割の大きさ　148

平均値の定理　66
平均変化率　16
閉区間　12
平行移動（点）　1
平方根　2
べき級数　77
ベータ関数　164
変曲点　70
偏導関数　124
偏微分　124
偏微分可能　123
偏微分係数　123
偏微分作用素　133

【マ行】
マクローリン級数　78
マクローリン展開　78
マクローリンの公式　73

右側極限値　6

無理関数　26
無理数　10

面積　108

【ヤ行】
ヤコビアン　132
ヤコビ行列　132
ヤコビ行列式　132

有理数　9

【ラ行】
ラグランジュの未定乗数法　144
ラジアン　44

累次積分　150
累次積分の順序変更　152
累乗　32

連続関数　8

ロピタルの定理　79
ロルの定理　65

【著者紹介】

寺本惠昭（てらもと　よしあき）
1985 年　広島大学大学院理学研究科数学専攻博士後期課程修了
現　　在　摂南大学理工学部基礎理工学機構 教授，理学博士
専　　攻　数学・非線形偏微分方程式
主要著書　『数学基礎』（学術図書出版社）2002，摂南大学数学研究室編．

微積分基礎　―理工系学生に向けて―　*Basic Calculus for Students Majoring in Science and Engineering*　2012 年 11 月 25 日　初版 1 刷発行　2021 年 2 月 10 日　初版 6 刷発行	著　者　寺本惠昭　ⓒ 2012　発行者　南條光章　発行所　**共立出版株式会社**　東京都文京区小日向 4-6-19（〒112-0006）　電話　03-3947-2511（代表）　振替口座　00110-2-57035　www.kyoritsu-pub.co.jp
	印　刷　啓文堂　製　本　協栄製本
検印廃止　NDC 413.3　ISBN 978-4-320-11027-4	一般社団法人　自然科学書協会　会員　Printed in Japan

JCOPY 〈出版者著作権管理機構委託出版物〉
本書の無断複製は著作権法上での例外を除き禁じられています．複製される場合は，そのつど事前に，出版者著作権管理機構（ＴＥＬ：03-5244-5088，ＦＡＸ：03-5244-5089，e-mail：info@jcopy.or.jp）の許諾を得てください．

◆ 色彩効果の図解と本文の簡潔な解説により数学の諸概念を一目瞭然化！

ドイツ Deutscher Taschenbuch Verlag 社の『dtv-Atlas事典シリーズ』は，見開き2ページで1つのテーマが完結するように構成されている。右ページに本文の簡潔で分り易い解説を記載し，かつ左ページにそのテーマの中心的な話題を図像化して表現し，本文と図解の相乗効果で理解をより深められるように工夫されている。これは，他の類書には見られない『dtv-Atlas事典シリーズ』に共通する最大の特徴と言える。本書は，このシリーズの『dtv-Atlas Mathematik』と『dtv-Atlas Schulmathematik』の日本語翻訳版。

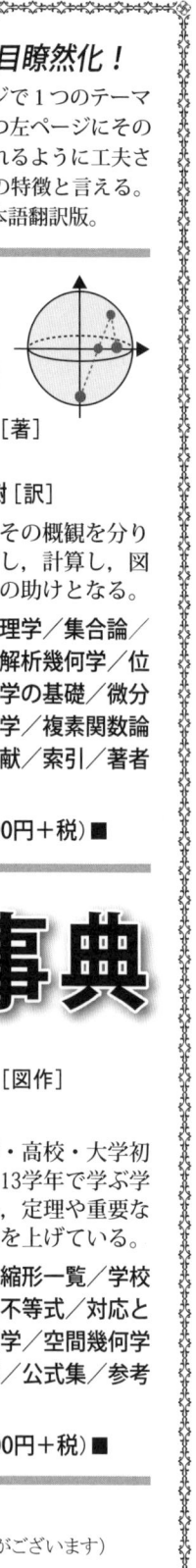

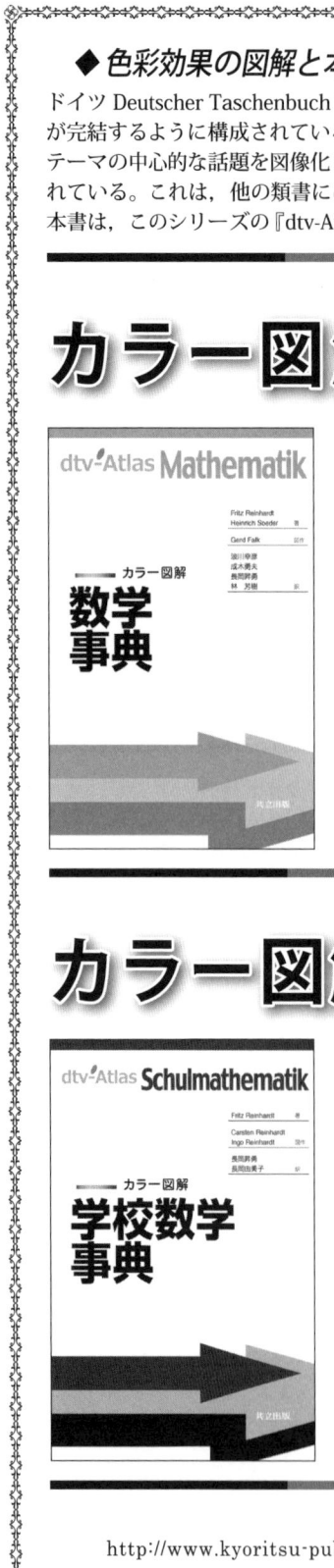

カラー図解 数学事典

Fritz Reinhardt・Heinrich Soeder [著]
Gerd Falk [図作]
浪川幸彦・成木勇夫・長岡昇勇・林　芳樹 [訳]

数学の最も重要な分野の諸概念を網羅的に収録し，その概観を分り易く提供。数学を理解するためには，繰り返し熟考し，計算し，図を書く必要があるが，本書のカラー図解ページはその助けとなる。

【主要目次】　まえがき／記号の索引／序章／数理論理学／集合論／関係と構造／数系の構成／代数学／数論／幾何学／解析幾何学／位相空間論／代数的位相幾何学／グラフ理論／実解析学の基礎／微分法／積分法／関数解析学／微分方程式論／微分幾何学／複素関数論／組合せ論／確率論と統計学／線形計画法／参考文献／索引／著者紹介／訳者あとがき／訳者紹介

■菊判・ソフト上製本・508頁・定価(本体5,500円＋税)■

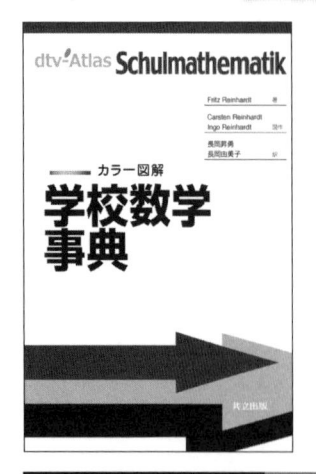

カラー図解 学校数学事典

Fritz Reinhardt [著]
Carsten Reinhardt・Ingo Reinhardt [図作]
長岡昇勇・長岡由美子 [訳]

『カラー図解 数学事典』の姉妹編として，日本の中学・高校・大学初年級に相当するドイツ・ギムナジウム第5学年から13学年で学ぶ学校数学の基礎概念を1冊に編纂。定義は青で印刷し，定理や重要な結果は緑色で網掛けし，幾何学では彩色がより効果を上げている。

【主要目次】　まえがき／記号一覧／図表頁凡例／短縮形一覧／学校数学の単元分野／集合論の表現／数集合／方程式と不等式／対応と関数／極限値概念／微分計算と積分計算／平面幾何学／空間幾何学／解析幾何学とベクトル計算／推測統計学／論理学／公式集／参考文献／索引／著者紹介／訳者あとがき／訳者紹介

■菊判・ソフト上製本・296頁・定価(本体4,000円＋税)■

http://www.kyoritsu-pub.co.jp/　　共立出版　(価格は変更される場合がございます)